数据结构实践教程

刘小英　周朝萱　主编

案例源代码下载

西南交通大学出版社
·成　都·

图书在版编目（ＣＩＰ）数据

数据结构实践教程 / 刘小英，周朝萱主编. —成都：
西南交通大学出版社，2021.3
ISBN 978-7-5643-7884-4

Ⅰ. ①数… Ⅱ. ①刘… ②周… Ⅲ.①数据结构 – 教
材 Ⅳ. ①TP311.12

中国版本图书馆 CIP 数据核字（2020）第 243318 号

Shuju Jiegou Shijian Jiaocheng
数据结构实践教程

刘小英　　周朝萱　主编

责任编辑	王小龙
封面设计	原谋书装

出版发行	西南交通大学出版社
	（四川省成都市金牛区二环路北一段 111 号
	西南交通大学创新大厦 21 楼）
邮政编码	610031
发行部电话	028-87600564　028-87600533
网址	http://www.xnjdcbs.com
印刷	四川森林印务有限责任公司

成品尺寸	185 mm×260 mm
印张	14.5
字数	419 千
版次	2021 年 3 月第 1 版
印次	2021 年 3 月第 1 次
定价	36.00 元
书号	ISBN 978-7-5643-7884-4

课件咨询电话：028-81435775
图书如有印装质量问题　本社负责退换
版权所有　盗版必究　举报电话：028-87600562

前　言

　　数据结构是计算机、信息技术及相关专业的核心基础课程，也是计算机类专业考研和全国计算机等级考试的必考科目。但由于数据结构的复杂性和抽象性，很多普通高校的学生无法充分理解其理论知识，不能学以致用，在实验课上遇到了一些困难。为了辅助教师的理论教学，也为了帮助和指导读者更好地理解和学习数据结构课程，本书作者根据多年教学经验，编写了这本《数据结构实践教程》。

　　本书采用 C 语言作为代码编写语言，依据大多数高校理论课程的知识脉络编写全书共包含 7 章，各章内容安排如下：

　　第 1 章为 C 语言基础，主要介绍了数据结构中所用到的 C 语言基础知识，包括输入输出、函数、结构体、动态内存分配、数组、指针及参数传递的用法，设计了结构体的应用和指针的应用 2 个实验辅助学生进行理解。

　　第 2 章为线性表，设计了 9 个实验，包含顺序表和单链表的基本操作与合并、单链表的倒置、删除重复结点、约瑟夫问题、一元多项式的加减运算、双向链表的插入删除操作。

　　第 3 章为栈和队列，设计了 8 个实验，包含栈、链栈的基本运算及栈的应用以及链队列、循环队列的基本运算。

　　第 4 章为树及二叉树，设计了 5 个实验，包含二叉树的二叉链表存储及基本操作，二叉树的遍历、顺序存储及其基本操作实现，树的双亲表示法及基本操作，哈夫曼树及哈夫曼编码。

　　第 5 章为图，设计了 4 个实验，包含图的邻接矩阵、邻接表存储及遍历、最小生成树求解、拓扑排序。

　　第 6 章为查找，设计了 3 个实验，包含静态查找算法、二叉排序树相关操作和哈希表的基本操作及应用。

　　第 7 章为内部排序，设计了 4 个实验，包含插入排序算法、交换排序算法、选择排序算法和归并排序算法。

书中的实验涵盖了数据结构中绝大多数的基础算法，并增加了一部分应用实验，实验包含基础知识、实验目的、实验内容及算法实现，给出了完整的代码及运行结果，帮助读者在学习数据结构的过程中理解理论知识，提高实践能力。

　　本书由刘小英、周朝萱主编，其中第 1、2、3、7 章由刘小英编写，第 4、5、6 章由周朝萱编写，全书由刘小英负责统稿。

　　因作者水平有限，书中错误在所难免，恳请读者批评指正。

编　者

2020 年 8 月

目 录

第 1 章

C 语言基础

通过本章的学习与实践，了解数据结构中常用的 C 语言基础知识，掌握 C 中输入输出的实现、函数与参数传递、结构体及运用、动态内存分配和通过指针引用数组。

1.1　基本的输入输出

对于重要的数据结构算法，本教程均要求进行上机实践，而上机实践离不开数据的输入和输出。看起来简单的输入和输出，往往是上机实践最容易出错的地方，尤其是输入。对于一个算法程序，如果数据不能正确输入，算法设计得再好也无法正常运行。

1.　输　入

C 语言的输入是由系统提供的 scanf()等函数实现，在程序的首部一般要求写入：

\# include <stdio.h>

因为标准输入/输出函数都存在于头文件 stdio.h 之中，需将其包含进来方可使用。函数 scanf() 的功能很丰富，输入格式也是多种多样，这是大家较为熟悉的知识，这里不做详细介绍，在使用中需要注意以下几个问题。

（1）如果一条 scanf()语句有多个变量并且都是数值型（如 int, float, double）时，在输入数据时应该在一行之内键入多个数据，数据之间使用空格分隔。例如：

int n;　float x;

scanf ("%d %f " , &n, &x);

正确的输入应是：整数 空格 实数 回车。

如果语句中在%d 和%f 之间有一个逗号：

scanf ("%d ,%f " , &n, &x);

正确的输入应是：整数 逗号 实数 回车。

（2）在需要输入字符型变量或字符串时，要单独写一条输入语句，这样不易出错。

在同一条 scanf()语句中将字符型变量和数值型变量混合输入常常会出错，因为键盘输入时在数值型数据之间的"空格"起"分隔符"作用，但是在字符或字符串之间的"空格"会被当作一个字符，而不能起到"分隔符"的作用，所以将它们混在一起容易出错。

（3）在 scanf()语句中变量写法应该是该变量的地址。

例如：

1:viod main()

2:{

3:　　char name[10], ch ;

```
4:    int num;  float x;
5:    printf("\n   请输入姓名: ");   scanf("%s", name);
6:    printf("\n   输入性别: ");   scanf("%c", &ch);
7:    printf("\n   请输入学号和成绩: ");       scanf("%d%f", &n, &x);
8:    ……;
9:}
```

为了方便说明问题程序中加了行号，运行时当然不允许有行号。一般情况下，在 scanf()语句中的变量名之前要加上取地址符&，上述程序第 6 行和第 7 行之中就是这样。为什么第 5 行的 name 前面不加&呢? 因为 name 代表字符串，即是一维字符数组，一维数组名本身就是一个地址，是该数组的首地址，所以 name 前面不加&。

在本程序中把字符串、字符、数值型变量分别写入不同的 scanf()语句，输入数据的具体形式如下:

请输入姓名: ZhangHua

请输入性别: v

请输入学号和成绩: 101   90.5

如果姓名输入成"Zhang   Hua"，会出现什么现象? 那样只会读入 Zhang 做姓名，而 Hua 被忽略，还会影响后面的输入语句导致其无法正确读入数据。

因此，应该充分重视数据的输入技术。

2. 输 出

C 语言的输出是由系统提供的 printf()等函数来实现，在程序的首部一般要求写入:

```
# include <stdio.h>
```

因为标准输入/输出函数都存在于头文件 stdio.h 之中，需将其包含进来方可使用这些常用的输入/输出函数。有的系统允许不使用上述包含语句，可以直接使用标准输入/输出函数。

输出函数 printf()的语法一般容易掌握，这里强调的是怎样合理巧妙地使用它。

（1）在连续输出多个数据时，数据之间一定要有间隔，不能连在一起。

```
int   n=1, m=2, p=3;
printf("\n %d%d%d",n,m,p);
printf("\n %6d%6d%6d",n,m,p);   //提倡使用的语句
```

第一行输出是: 123

第二行输出是: 1   2   3

（2）在输入语句 scanf()之前先使用 printf()输出提示信息，但是在 printf()最后不能使用换行符。

```
int x;
printf("\n   x=?");      //句尾不应使用换行符
scanf("%d",&x);
```

这样使光标与提示信息出现在同一行上，光标停在问号后边等待输入。

x=?

（3）在该换行的地方，要及时换行。

```
int i;
printf("数据输出如下:\n");        // 需要换行
for (i=0; i<8; i++) printf("%6d", i);   // 几个数据在同一行输出, 不能换行
```

（4）在调试程序时多加几个辅助输出语句，以便监视中间运行状况。程序调试成功后，再去掉这些辅助输出语句。

1.2 函数与参数传递

函数的设计和调用是程序设计必不可少的技能，是程序设计的基础。一些初学者之所以感到编程难，就是忽视了这个基础。在传统的面向过程的程序设计中，往往提倡模块化结构化的程序设计。

任何高级语言，最终都要涉及子函数的设计和使用。

　　C 语言的源程序是由一个主函数和若干（或零个）子函数构成，函数是组成 C 语言程序的基本单位。函数具有相对独立的功能，可以被其他函数调用，也可调用其他函数。当函数直接或间接的调用自身时，这样的函数称为递归函数。

　　是否能够熟练的设计和使用函数，是体现一个人程序设计能力高低的基本条件。因此有必要回顾和复习 C 语言函数的基本概念。

1. 函数的设计

函数设计的一般格式是：

类型名　　函数名（形参表）

{ 函数体 }

函数设计一般是处理一些数据获得某个结果，因此函数可以具有返回值，上面的类型名就是函数返回值的类型，可以是 int, float 等。例如：

float　funx(形参表){ 函数体}

函数也可无返回值，此时类型是 void。例如：

void　funy(形参表){ 函数体 }

而函数体内所需处理的数据往往通过形参表传送，函数也可以不设形参表，此时写为：

类型名　函数名（void）{ 函数体 }

　　例 1.1：设计一个函数计算两个整数之和，再设计一个函数仅输出若干个*。设计主函数调用这两个函数。

```c
#include    <stdio.h>
int    sum (int a, int b)        /*   计算两个整数之和的函数   */
{
    int    s;
    s=a+b;
    return s;
}
void    display(void)     /*   输出若干*的函数   */
{
    printf("****************\n");
}
void    main( )
{
    int    x,y,s;
    x=y=2;
    display(); /*   输出若干*   */
    printf("\n    sum=%d",sum(x,y)); /* 在输出语句中直接调用函数 sum( ) */
    printf("\n    %6d%6d",x,y);
    display();
    x=5; y=6;
    s=sum(x, y);                    /*   在赋值语句中调用函数 sum( )   */
    printf("\n    sum=%d",s);
    printf("\n    %6d%6d%6d",x,y);
    display();
} /*  程序结束  */
```

运行结果：

```
*****************
sum= 4
2      2
*****************
sum=11
5      6
*****************
```

2. 函数的参数传递

函数在被调用时，由主调程序提供实参，将数据传递给形参；在调用结束后，有时形参可以返回新的数据给主调程序。这就是函数的参数传递。实现参数传递的方法通常分为传值和传址两大类。

在上例中，函数 sum()的设计和主函数对它的调用，就是传值调用。在主函数两次调用函数 sum()时，带入的实参均是两个整型变量。调用函数返回后，在主函数中输出实参的值仍与调用之前相同。传值调用的主要特点是数据的单向传递，由实参通过形参将数据代入被调用函数，不论在调用期间形参值是否改变，调用结束返回主调函数之后，实参值都不会改变。

在不同的算法语言中，传址调用的语法有所不同。在 C 语言中采用指针变量做形参来实现传址。传址调用的主要特点是可以实现数据双向传递，在调用时实参将地址传给形参，该地址中的数据代入被调用函数。如果在调用期间形参值被改变，也即该地址中的数据发生变化，调用结束返回主调函数之后，实参地址仍然不变，但是该地址中的数据发生相应改变。这就是数据的双向传递。

例 1.2：设计一个函数实现两个数据的交换，在主程序中调用。

```
#include   <stdio.h>
viod   swap( int   *a,   int   *b) ; /*   函数原型声明   */
void   main( )
{
     int   x=10, y=80;
     printf("\n   %6d%6d", x, y);          /*   输出原始数据   */
     swap(&x, &y);       /*   调用交换数据的函数 swap()   */
     printf("\n   %6d%6d", x ,y);            /*   输出交换后的数据   */
}
viod   swap( int   *a,   int   *b)
{
     int c;
     c=*a;   *a = *b;   *b=c;
}
```

运行结果：

```
10      80
80      10
```

实践证明 x,y 的值在调用函数前后发生了交换变化。形参是指向整型的指针变量 a 和 b，在函数体内需要交换的是指针所指的存储单元的内容，因此使用*a = *b;这样的写法。在调用时，要求实参个数、类型位置与形参一致。因为实参是指针地址，所以调用语句 swap(&x, &y)时，实参&x 和& y 代入的是整型变量 x,y 的地址。在函数体内交换的是实参地址中的内容，而作为主函数变量 x,y 的地址仍然没有改变。从整数交换的角度看，本例题实现了双向数据传递。若从指针地址角度看，调用前后指针地址不变。

1.3 结构体及运用

数据结构课程所研究的问题均运用到"结构体"。在 C 语言中结构体的定义、输入和输出是数据结构程序设计的重要语法基础。定义结构体的一般格式:

```
struct   结构体类型名
{
       类型名 1      变量名 1;    //数据子域
       类型名 2      变量名 2;
       ……;
       类型名 n      变量名 n;
};
```

其中,struct 是保留字,结构体类型名由用户自己命名。

在实际使用时必须声明一个具体的结构体类型的变量。声明创建一个结构体变量的方法是:

```
struct 结构体类型名      结构体变量名;
例如:struct   ElemType     /* 定义结构体   */
{
       int   num;   char   name[10];
};
struct   ElemType  x;  /*  声明结构体变量 x  */
```

另外有一种方法使用 typedef 语句定义结构体,在声明结构体变量时可以不写 struct,使得书写更加简便。例如:

```
typedef   struct
{
       int   num;
       char   name[10];
} ElemType;
```

ElemType 就是一个新的类型名,并且是结构体类型名。声明新的结构体变量的语句是:

```
ElemType   x;
```

一个结构体中可以包含多个数据子域。数据子域的类型名一般指基本数据类型(int、char 等),也可是已经定义的另一结构体名。数据子域变量名可以是简单变量,也可以是数组,它们也可以称为结构体的数据成员。

通过"结构体变量名.数据子域"可以访问数据子域。

例 1.3:设计 Student 结构体,在主程序中运用。

```
#include <stdio.h>
#include <string.h>
typedef   struct          /*   定义结构体 Student   */
{
       long   num;          /*   学号   */
       int   x;           /*   成绩   */
       char   name[10];     /*   姓名   */
} Student;
void   main( )
{
       Student   s1;         /*   声明创建一个结构体变量 s1   */
       s1.num=1001 ;          /*   为 s1 的数据子域提供数据   */
       s1. x=83;
       strcpy( s1.name, " 李   明");
       printf("\n 姓名: %s", s1.name); /*   输出结构体变量 s1 的内容  */
       printf("\n   学号: %d", s1.num);
```

```
            printf("\n    成绩: %d", s1.x);
    }
```

或者使用键盘输入:

```
    {
        scanf("%d", s1.num);
        scanf("%d", s1.x);
        scanf("%s", s1.name);
    }
```

还可以通过"结构体指针->数据子域"来访问数据子域。在实际问题中还会使用到指向结构体的指针，通过以下语句段可以说明结构体指针的一般用法。

```
    {
        Student    *p;              /*  声明指针变量 p */
        p=( Student *)malloc(sizeof( Student));  /* 分配存储单元,首地址赋给 p 指针 */
        p->num=101;     p->x=83;    strcpy( p->name, "李  明");
        printf("\n  %10s%6d%6d",p->name,p->num,p->x);
    }
```

设计一个一维数组，每个数组元素是 Student 结构体类型，通过以下语句段可以说明结构体数组的一般用法。可以通过"结构体数组名[下标].数据子域"访问数据子域。

```
    {
        Student    a[5];            /*  声明创建一个结构体数组 a   */
        int i ;
        for( i=0, i<5, i++)
        {
            printf("\n  学号:%d",a[i].num) ;
            printf("\n  姓名:%s",a[i].name) ;
            printf("\n  成绩:%d",a[i].x) ;
        }
    }
```

以上是关于结构体的基本概念和简单运用。

1.4 动态内存分配

全局变量——内存中的静态存储区。

非静态的局部变量——内存中的动态存储区——stack 栈。

动态内存分配区域——存放临时使用的数据，需要时随时开辟，不需要时随时释放——heap 堆（根据需要向系统申请所需大小的空间，由于未在声明部分定义其为变量或者数组，不能通过变量名或者数组名来引用这些数据，只能通过指针来引用）

1.4.1 使用 malloc 函数

函数原型 void * malloc（usigned int size）

作用：在内存的动态存储区中分配一个长度为 size 的连续空间。

形参 size 的类型为无符号整型，函数返回值是所分配区域的第一个字节的地址，即此函数是一个指针型函数，返回的指针指向该分配域的开头位置。

例如：

p= (int*) malloc (100*sizeof(int)); //动态分配 100 个整型空间，p 为分配区域的第一个字节的地址

if (p==NULL)   return 0; //如果内存分配不成功，则返回 0

1.4.2 使用 realloc 函数

原型：externvoid*realloc(void*mem_address,unsigned int newsize);

用法：包含#include<stdlib.h>，有些编译器需要#include<alloc.h>。

功能：改变 mem_address 所指内存区域的大小为 newsize 长度。

说明：如果重新分配成功则返回指向被分配内存的指针，否则返回空指针 NULL。当内存不再使用时，应使用 free()函数将内存块释放。

注意：这里原始内存中的数据还是保持不变的。

在上例中使用 malloc 建立了 p 指向的内存空间不够时，可使用 realloc 扩充，例如

```
newbase=(int*)realloc(p, (100+10)*sizeof(int));//新的基地址 newbase

if (!newbase)    exit(0) ;//空间分配失败，newbase=NULL ,退出

p=newbase;    //  将 p 指向新的基址
```

详细说明及注意要点：

1. 如果有足够空间用于扩大 p 指向的内存块，则分配额外内存，并返回 p。这里说的是"扩大"，我们知道，realloc 是从堆上分配内存的，当扩大一块内存空间时，realloc()试图直接从堆上现存的数据后面的那些字节中获得附加的字节，如果能够满足，自然天下太平。也就是说，如果原先的内存大小后面还有足够的空闲空间用来分配，加上原来的空间其内存大等于 newsize，那么得到的是一块连续的内存。

2. 如果原先的内存大小后面没有足够的空闲空间用来分配，那么从堆中另外找一块 newsize 大小的内存，并把原来内存空间中的内容复制到 newsize 中，返回新的 p 指针（数据被移动了），老块被放回堆上。

例如：

```
#include<malloc.h>
char *p， *q;
p=(char*)malloc(10);
q=p;
p=(char*)realloc(p,20);
……;
```

这段程序也许在编译器中没有办法通过，因为编译器可能会为我们消除一些隐患！在这里我们只是增加了一个记录原来内存地址的指针 q，然后记录了原来的内存地址 p，如果不幸，数据发生了移动，那么所记录的原来的内存地址 q 所指向的内存空间实际上已经放回到堆上了！这样一来，我们应该终于意识到问题的所在和可怕了吧！

3. 返回情况

返回的是一个 void 类型的指针，调用成功。

返回 NULL，当需要扩展的大小（第二个参数）为 0 并且第一个参数不为 NULL，此时原内存变成了"freed（游离）"的了。

返回 NULL，当没有足够的空间可供扩展的时候，此时，原内存空间的大小维持不变。

4. 特殊情况

如果 p 为 NULL，则 realloc()和 malloc()类似。系统将分配一个 newsize 的内存块，并返回一个指向该内存块的指针。

如果 newsize 大小为 0，那么释放 p 指向的内存，并返回 NULL。

如果没有足够可用的内存用来完成重新分配（扩大原来的内存块或者分配新的内存块），则返回 NULL，而原来的内存块保持不变。

1.4.3　free

函数原型：void free（void *p）

作用：释放变量 p 所指向的动态空间，使这部分空间能重新被其他变量使用。

p 是最近一次调用 malloc 函数时的函数返回值。

free 函数无返回值。

1.5 通过指针引用数组

1. 数组指针

即指向数组的指针。该指针指向的数据类型是数组类型，它存放的是数组的起始地址。例如：

int (* p)[10]; /*括号是必须写的，不然就是指针数组；10 是数组的大小*/

该语句声明一个数组指针 p，指针指向包含 10 个整型元素的一维数组。

拓展：有指针类型元素的数组称为指针数组。例如：

int *p[2];

这是一个指针数组，数组名称为 p，数组里面的元素可以存放整型变量的地址。因此，下面的用法就是合法的。

int x=3,y=5; //声明两个整型类型的变量 x 与 y

p[0]=&x；//指针数组的第 1 个元素指向 x，即 x 的地址存放在 p[0]

p[1]=&y；//指针数组的第 2 个元素指向 y

2. 通过指针引用数组元素的基本方法

（1）小标法：a[i]。

（2）指针法：*(a+i)或*(p+i)或 p[i]。其中，a 是数组名，p=a，即 p 指向数组 a 首元素的地址。

问：为什么* (a+i)和*(p+i)是等价的，或者说是引用的同一个数组元素呢？

答：在 C 语言中，数组名代表的是数组中首元素的地址。在程序编译时，a[i]是按*(a+i)处理的，即按数组元素的首地址加上相应位移量 i 找到新元素的地址。而 p=a，即 p 是指向数组 a 的首元素的地址，因此是等价的。从这里可以看出，[ ]实际上是变地址运算符，即将 a[i]按 a+i 计算地址，然后找此地址单元中的值。

问：为什么 p[i]和*(p+i)是等价的，或者说是引用的同一个数组元素呢

答：C 语言规定，当指针变量指向数组元素时，指针变量可以带下标。而在程序编译时，对此下标处理的方法是转换为地址，即对 p[i] 处理成*(p+i)。同上，[ ]是变址运算符。

3. 利用指针引用数组元素

（1）p++; *p;

（2）*p++;等价于*(p++);因为++和*的优先级一样，故结合方向是从右向左。

（3）*(p++);和*(++p);二者是有区别的。前者是先取*p 的值，然后 p 加 1；后者是先 p 加 1，再取 p 的值。即如果 p 指向的是数组 a 元素 a[0]，则前者得到 a[0]的值，后者得到 a[1]的值。

（4）++(*p);将 p 指向的元素的值加 1。

（5）如果 p 指向元素 a[i]，*(p--);先得到 p 指向的地址的元素 a[i]，然后 p 减 1。

*(++p);执行结果得到 a[i+1]，p 加 1。

*(--p);执行结果得到 a[i-1]，p 减 1。

4. 利用指针输出数组元素

```
int a[10];
int * p;
p = a;
while(p<a+10)
    printf("%d",*p++);
```

或

```
int a[10];
int * p;
```

```
    p = a;
    while(p<a+10)
    {
        printf("%d",*p);
        p++;
    }
    或
    int a[10];
    int * p;
    p = a;
    for(i=0;i<10;i++)
        printf("%d",*p++);
    或
    int a[10];
    int * p;
    for(p=a;p<a+10;p++) /*比较专业的写法，代码简洁、高效*/
        printf("%d",*p);
    思考：下面代码能不能正确输出数组元素的值呢？
    int a[10];
    int * p;
    for(p=a;p<a+10;a++)
        printf("%d",*a);
```

答：是不行的。因为数组名 a 代表的是数组首元素的地址，是一个指针型常量，它的值在程序运行期间是不改变的，即 a++是不变的。

因此，结合动态分配数组，我们可以建立一个一维的数组指针：

```
int (* array)[N]=(int *)malloc(N*sizeof(int));
```

1.6 实验一 结构体的应用

1.6.1 实验目的

掌握结构体的定义及使用。

1.6.2 实验内容

定义一个学生成绩的结构体数组，其中的数据成员包括学号、姓名、三门课的成绩、总分、均分。

（1）从键盘上输入 N 名学生的信息（N 定义为常变量）；

（2）求出每名同学的总分和均分，并存储在结构体数组中；

（3）输出每位同学的信息：学号、姓名、总分和均分。

1.6.3 算法实现

【数据结构】

```
struct Student
{
    char num[12];   //学号
    char name[20];   //姓名
    int c;     //c 语言成绩
    int math;   //数学成绩
    int english;    //英语成绩
    int sum;     //总分
    float average;   //平均分
```

```
};
```

【代码实现】

```c
//程序 1-1 结构体应用实验
#include <stdio.h>
#define N 3

struct Student
{
    char num[12];    //学号
    char name[20];   //姓名
    int c;           //c 语言成绩
    int math;        //数学成绩
    int english;     //英语成绩
    int sum;         //总分
    float average;   //平均分
};

    //定义结构体数组
struct Student stu[N];

void input(int n)
{
    int sum,i;
    printf("请输入三名学生信息\n");
    for(i=0;i<n;i++)
    {
        printf("第%d 个学生\n",i+1);
        printf("请输入学生学号：");
        scanf("%s",&stu[i].num);
        printf("请输入学生姓名：");
        scanf("%s",&stu[i].name);
        printf("请输入学生 C 语言成绩：");
        scanf("%d",&stu[i].c);
        printf("请输入学生数学成绩：");
        scanf("%d",&stu[i].math);
        printf("请输入学生英语成绩：");
        scanf("%d",&stu[i].english);
        stu[i].sum=stu[i].c+stu[i].math+stu[i].english; //计算三门课总成绩
        stu[i].average=stu[i].sum/n;    //计算平均分
    }
}
void output(int n)
{
    int i;
    printf("三名同学的学号、姓名、总分和平均分如下\n");
```

```
        for(i=0;i<n;i++)
        {
            printf("%s %s %d %f \n",stu[i].num,stu[i].name, stu[i].sum,stu[i].average);
        }
    }

    void main( )
    {
        input(N);
        output(N);
    }
```

【程序测试及结果分析】

1. 运行时界面如图 1.1 所示，根据提示输入三个学生学号、姓名及三门课成绩，总分、平均分计算结果如下。

图 1.1 结构体的应用实验运行截图

2. 根据测试数据看出，程序计算正确。测试数据均可由实验者自行输入，验证结果的正确性。

1.7 实验二 指针的应用

1.7.1 实验目的

掌握指针的基本用法。

1.7.2 实验内容

输入 10 个整数，将其中最小的数与第一个数对换，把最大的数与最后一个数对换。用两个指针指向最大的数和最小的数。

1.7.3 算法实现

【算法描述】

1. 输入十个数 a[0]，a[1]，…，a[9]，让指针 pmax 和 pmin 均指向 a[0]；

2. 对于 a[i](i=1···9),只要*pmax<a[i],则*pmax=a[i],只要*pmin>a[i],则*pmin=a[i];

3. 交换 a[0]与*pmin，a[9]与*pmax。

【代码实现】

//程序 1-2 指针应用程序

```c
#include<stdio.h>
#include<stdlib.h>
#define N 10

void main()
{
    int a[N],*pmax,*pmin,temp,i;
    printf("请输入 10 个整数：\n");
    for(i=0;i<N;i++)
        scanf("%d",&a[i]);
    pmax=pmin=&a[0]; //pmax、pmin 均指向第 1 个元素
    for(i=1;i<N;i++)
    {
        if(*pmax<a[i])
            pmax=&a[i]; //寻找最大值，将 pmax 指向它
        if(*pmin>a[i])
            pmin=&a[i]; //寻找最小值，将 pmin 指向它
    }
    temp=a[0]; a[0]=*pmin; *pmin=temp; //最小值与 a[0]交换
    temp=a[N-1]; a[N-1]=*pmax; *pmax=temp;  //最大值与 a[9]交换
    printf("最小数放第 1 个,最大的数放最后:\n");
    for(i=0;i<N;i++)
        printf("%d ",a[i]);     //输出
    printf("\n");
}
```

【程序测试及结果分析】

1. 按照提示输入 10 个整数，运行结果如图 1.2 所示。

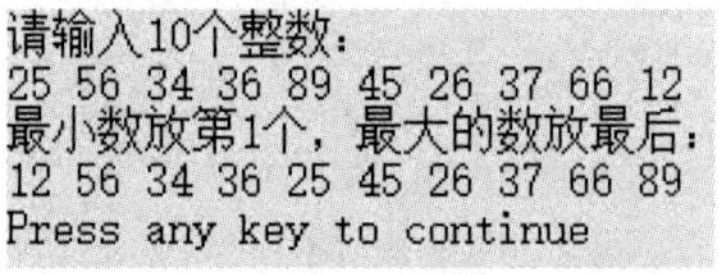

请输入10个整数：
25 56 34 36 89 45 26 37 66 12
最小数放第1个，最大的数放最后：
12 56 34 36 25 45 26 37 66 89
Press any key to continue

图 1.2   指针应用程序运行截图

2. 结果分析：如运行结果所示，最小的数 12 放在最前面，最大的数 89 放在最后面，程序运行正确。

第 2 章

线性表

通过本章学习与实践，掌握线性表在顺序存储和链式存储上的实现；重点以线性表的基本操作（建立、插入、删除、遍历）为主；掌握线性表的动态分配存储结构的使用方法，特别是单链表中指针的应用。

2.1 实验一 顺序表的基本操作

2.1.1 预备知识

1. 线性表的顺序存储结构

（1）定义：把线性表的结点按逻辑顺序依次存放在一组地址连续的存储单元里。用这种方法存储的线性表又称顺序表。

（2）元素之间存储地址的关系

假设线性表的每个元素需占用 L 个存储单元，并以所占的第一个单元的存储地址作为数据元素的存储位置。则线性表中第 i+1 个数据元素的存储位置 $LOC(a_{i+1})$ 和第 i 个数据元素的存储位置 $LOC(a_i)$ 之间满足下列关系：

$LOC(a_{i+1})=LOC(a_i)+L$

线性表的第 i 个数据元素 a_i 的存储位置为：

$LOC(a_i)=LOC(a_1)+(i-1)*L$

（3）线性表顺序存储结构的类型定义

```
typedef   int   ElemType;    //顺序表中元素的类型
#define INITSIZE    100    //顺序表存储空间初始分配量
#define LISTINCREMENT   10    //线性表存储空间的分配增量
typedef   struct
{
    ElemType  *data;         //存储空间的基地址
    int   length;            //线性表的当前长度
    int   listsize;          //当前分配的存储容量
}sqlist;
```

2. 顺序表的基本算法

1）顺序表的插入算法

在顺序表 L 中第 i 个位序上插入数据元素 x 算法步骤：

（1）对输入参数的安全性进行检查，插入位置 i 应满足 $1 \leqslant i \leqslant L.length+1$。

（2）存储空间的处理：若原表的空间已满，应追加存储空间的分配。

（3）数据块的移动：将表中从 i 到 L.length 位置上的所有元素往后移动一个位置。

（4）在第 i 个位序上插入 x，表长加 1（++L.length）。

【算法描述】

```
int insert_sq(sqlist *L,int i,ElemType e)
{
    if (i<1||i>L->length+1)
        return 0; //检查 i 值是否合理，不合理返回 0
    if (L->length==L->listsize)
    { //空间不够,需增加存储空间
        newbase=(ElemType *)realloc(L->data, (L->listsize+LISTINCREMENT)*sizeof(ElemType));
        if (!newbase)
            exit(0) ;//空间分配失败
        L->data=newbase;    //  新基地址
        L.listsize+=LISTINCREMENT;
    } // 增加存储容量
    for ( j=L->length-1 ; j>=i-1 ; j-- )
        L->data[j+1]=L->data[j]; //将线性表第 i 个元素之后的所有元素向后移动
    L->data[i-1]=e;   //将新元素的内容放入线性表的第 i 个位置
    L->length++;      //表长增 1
    return 1;
}
```

2）顺序表的删除算法

删除顺序表中第 i 个数据元素的算法步骤：

（1）对输入参数的安全性进行检查，插入位置 i 应在表长范围内，即 $1 \leqslant i \leqslant L.length$。

（2）取出位序为 i 的元素值赋给 e。

（3）数据块的移动：将表中从 i+1 到 L.length 位置上的所有元素往前移动一个位置。

（4）表长减 1(--L.length)。

【算法描述】

```
int delete_sq(sqlist *L, int i, ElemType *e)
{
    if (listempty(L))
        return 0; //检测线性表是否为空
    if (i<1||i>L->length)
        return 0; //检查 i 值是否合理
    *e=L->data[i-1]; //将欲删除的数据元素内容保留在 e 所指示的存储单元中
    for (j=i;j<L->length;j++)
        L->data[j-1]=L->data[ j ];   //将线性表第 i+1 个元素之后的所有元素向前移动
    L->length--;   //表长减 1
    return 1;
}
```

2.1.2 实验目的

1. 熟练掌握顺序存储结构上的各种操作。

2. 实现顺序表的建立、插入、删除、查找、遍历等操作算法。

3. 通过实验加深对 C 语言的语法、函数调用等的使用。

2.1.3 实验内容

从键盘输入 n 个按递减顺序排列的整数构造成顺序表 L，设计以下算法：

1. 从键盘上输入 x，将 x 插入 L 中，并使 L 保持有序性。输出插入后的顺序表 L。

2. 从键盘上输入一个整数 y，在顺序表 L 中查找 y 的位置。若找到，则显示值 y 在 L 中的位置；否则显示"该数不存在"。

3. 删除顺序表中第 i 个元素的值，输出删除后的顺序表 L。

2.1.4 算法实现

【数据结构】

```
typedef   struct
{
      ElemType   *data;        //存储空间的基地址
      int    length;                //线性表的当前长度
      int    listsize;               //当前分配的存储容量
}sqlist；
```

【算法描述】

1. 利用 initlist(sqlist *L)初始化顺序表，建立动态数组空间。

2. 建立顺序表，通过 scanf 语句，输入 n 个按递减顺序排列的整数。

3. 输入 x 及插入的位置 i，调用 insert_sq(sqlist *L,int i,ElemType e)将 x 插入到指定的位置 i。

4. 输入删除的位置 i，调用 delete_sq(sqlist *L,int i,ElemType *e)删除位置 i 处的元素。

5. 输入要查找的元素 e，调用函数 locate(sqlist *L, ElemType   e)，显示查找的位置，找不到显示不存在值为 e 的元素。

6. 输入要有序插入的 x，调用 Insert_Sqlist(sqlist *L,int x)找到插入的位置，并将 x 插入到正确的位置显示。

【代码实现】

```c
//2-1 顺序表的基本操作程序
#include "stdio.h"
#include "stdlib.h"

typedef   int ElemType;   //顺序表中元素的类型
#define INITSIZE     100   //顺序表存储空间初始分配量
#define LISTINCREMENT   10     //线性表存储空间的分配增量

typedef   struct
{
      ElemType   *data;        //存储空间的基地址
      int    length;                //线性表的当前长度
      int    listsize;               //当前分配的存储容量
}sqlist;

//输出元素
void list(sqlist *L)
{
      int j;
      printf("顺序表中的元素为：");
      for(j=0;j<L->length;j++)
            printf("%d ",L->data[j]);
      printf("\n");
}
```

```c
//初始化线性表
int initlist(sqlist *L)
{
    L->data=(ElemType*) malloc (INITSIZE*sizeof(ElemType) );
    //分配空间
    if (L->data==NULL)
        {return 0;printf("分配失败");}          //若分配空间不成功，返回 0
    L->length=0;                                //将当前线性表长度置 0
    L->listsize=INITSIZE;          //当前顺序表的容量为初始量
    return 1;                                //成功返回 1
}


//销毁线性表
void destroylist(sqlist   *L)
{
    if (L->data)
        free(L->data);
    //释放线性表占据的所有存储空间
}

//清空线性表
void clearlist(sqlist *L)
{
    L->length=0;           //将线性表的长度置为 0
}

// 求顺序表的长度
int getlen(sqlist *L)
{
    return (L->length);
}


//判定是否为空
int listempty(sqlist   *L)
{
    if (L->length==0)
        return 1;
    else
        return 0;
}

int getelem(sqlist   L,   int i,   ElemType *e)
{
    if (i<1||i>L.length)
        return 0;
    //判断 i 值是否合理,若不合理,返回 ERROR
    *e=L.data[i-1];
    /*数组中第 i-1 的单元存储着线性表中第 i 个数据元素的内容*/
    return 1;
}
```

```
int locate(sqlist *L, ElemType   e)
//在顺序表中检索第一个值为 e 的元素位序
{
    int i;
    for (i=0; i< (*L).length; i++)
            if ((*L).data[i]==e)    return i+1;
                    return 0;    //未找到，返回 0
}


int insert_sq(sqlist *L,int i,ElemType e)
{
    ElemType *newbase,j;
    if (i<1||i>L->length+1)
            return 0; //检查 i 值是否合理，不合理返回 0
    if (L->length==L->listsize)
    { //空间不够,需增加存储空间
        newbase=(ElemType *)realloc(L->data, (L->listsize+LISTINCREMENT)*sizeof(ElemType));
        if (!newbase)
                exit(0) ;//空间分配失败
        L->data=newbase;  //   新基址
        L->listsize+=LISTINCREMENT;
    } //  增加存储容量
    for ( j=L->length-1 ; j>=i-1 ; j-- )
    //将线性表第 i 个元素之后的所有元素向后移动
            L->data[j+1]=L->data[j];
    L->data[i-1]=e;
    //将新元素的内容放入线性表的第 i 个位置
    L->length++;        //表长增 1
    return 1;
}


int delete_sq(sqlist *L,int i,ElemType *e)
{
    int j;
    if (listempty(L))
            return 0; //检测线性表是否为空
    if (i<1||i>L->length)
            return 0; //检查 i 值是否合理
    *e=L->data[i-1]; //将欲删除的数据元素内容
    //保留在 e 所指示的存储单元中
    for (j=i;j<L->length;j++)
    //将线性表第 i+1 个元素之后的所有元素向前移动
            L->data[j-1]=L->data[ j ];
    L->length--;    //表长减 1
    return 1;
}


int Insert_Sqlist(sqlist *L,int x)//把 x 插入递增有序表 L 中
{
    ElemType *newbase,i;
```

```
        If (L->length==L->listsize)
        { //空间不够,需增加存储空间
                newbase=(ElemType *)realloc(L->data, (L->listsize+LISTINCREMENT)*sizeof(ElemType));
                if (!newbase)
                        exit(0) ;//空间分配失败
                L->data=newbase;   //   新基址
                L->listsize+=LISTINCREMENT;
        } //  增加存储容量
        for(i=L->length-1;L->data[i]<x&&i>=0;i--)
                L->data[i+1]=L->data[i];
        L->data[i+1]=x;
        L->length++;
        return 1;
}

void main()
{
        int c,k,i,x,e,a,n;
        sqlist L;
        c=initlist(&L);
        if(c==0)
                printf("内存分配失败！");

        printf("请输入顺序表的长度 n:\n");
        scanf("%d",&n);
        L.length=n;//设置顺序表的长度为 5
        //输入 5 个元素
        printf("请输入%d 个递减的整数:\n",n);
        for(k=0;k<n;k++)
        {
                scanf("%d",&a);
                L.data[k]=a;
        }
        list(&L);

        printf("\n 线性表长度=%d\n",getlen(&L));
        printf("请输入插入元素 x 及插入位置 i:");
        scanf("%d%d",&x,&i);
        if(!insert_sq( &L,i,x))
                printf("插入失败\n");
        else list(&L);

        printf("请输入删除的位置 i:");
        scanf("%d",&i);
        if(!delete_sq(&L,i,&e))
                printf("删除位置错误，删除失败\n");
        else
                list(&L);
```

```
        printf("请输入要查找的元素的值：");
        scanf("%d",&e);
        c=locate(&L, e);
        if(c==0)
             printf("不存在值为%d 的元素\n",e);
        else
             printf("值为%d 的元素在第%d 个位置\n",e,c);
        printf("请输入要有序插入的 x 值：");
        scanf("%d",&x);
        c=Insert_Sqlist(&L,x);
        if(c==0)
             printf("线性表满\n");
        else
             list(&L);
        destroylist(&L);
}
```

【程序测试及结果分析】

1. 程序运行后，根据运行提示，输入对应的数据，运行结果如图 2.1 所示。

2. 结果分析：根据运行结果所示，插入、删除、查找算法均正确。

```
请输入顺序表的长度n：
5
请输入5个递减的整数：
10 9 8 6 5
顺序表中的元素为：10 9 8 6 5

线性表长度=5
请输入插入元素x及插入位置i:7 4
顺序表中的元素为：10 9 8 7 6 5
请输入删除的位置i:4
顺序表中的元素为：10 9 8 6 5
请输入要查找的元素的值：7
不存在值为7的元素
请输入要有序插入的x值:7
顺序表中的元素为：10 9 8 7 6 5
Press any key to continue
```

图 2.1　顺序表基本操作运行结果

2.2　实验二　单链表的基本操作

2.2.1　预备知识

1.　线性表的链式存储结构

（1）定义：用一组任意的存储单元（这组存储单元可以是连续的，也可以是不连续的，甚至是零散分布在内存中的任意位置上的）来存储线性表的元素，每个元素对应一组存储单元（称为结点）。用这种方法存储的线性表又称单链表。单链表中结点的逻辑次序和物理次序不一定相同。

（2）结构：每个结点包括两个域：存储数据元素信息的数据域（data）和存储直接后继所在位置的指针域（next），如下所示。

data	next

（3）类型定义

```
typedef int ElemType;     //自定义 int 类型 ElemType
typedef   struct node     //定义链表结点类型
{
    ElemType    data;     //数据域
    struct node    *next; //指针域
}LNode, slink,*LinkList;       //单链表类型名
```

（4）单链表结点的动态创建

p 为指针变量，它是通过标准函数生成的，即

```
p=(LNode *)malloc(sizeof(LNode));
```

函数 malloc 分配了一个类型为 LNode 的结点变量的空间，并将其首地址放入指针变量 p 中。一旦 p 所指的结点变量不再需要了，又可通过标准函数 free 释放 p 所指的结点变量空间。

（5）命名

单链表是由表头唯一确定，因此单链表可以用头指针的名字来命名。

例如：若头指针名是 head，则把链表称为表 head。

2. 单链表的基本算法

1）单链表的建立

（1）头插法建立单链表

① 从一个空表开始，重复读入数据，生成新结点。

② 将读入数据存放到新结点的数据域中。

③ 将新结点插入到当前链表的表头上。

④ 直到读入 n 个元素为止。

```
LNode *creatslink(int n)
{
        LNode *head,*p;
        int i;
        if(n<1) return NULL;
        head=NULL ;
        for(i=1;i<=n;i++)    //建立 n 个结点的单链表
        {
                p=(LNode *)malloc(sizeof(LNode));
                scanf("%d",&p->data);
                p->next=head;
                head=p;
        }
        p=(slink*)malloc(sizeof(slink));
        p->next=head;
        head=p;          //头结点
        return (head);
}
```

（2）尾插法建立单链表

头插法建立链表虽然算法简单，但生成的链表中结点的次序和输入的顺序相反。若希望二者次序一致，可采用尾插法建表。

① 读入一个数据元素。

② 生成一个新结点。

③ 数据元素送入结点数据域，指针域置为空（NULL）。

④ 如果是空表：头指针指向该结点，否则：结点插到表尾。

⑤ 重复步骤前 4 步，直到表创建完。

```
LNode *creatslink(int n)
{
        LNode *head,*p,*r;
        int i;
        if(n<1) return NULL;
        r=head=(LNode *)malloc(sizeof(LNode));    //头结点
        for(i=1;i<=n;i++)
        {
                p=(LNode *)malloc(sizeof(LNode));
                scanf("%d",&p->data);
```

```
            r->next=p;
            r=p;
        }
    r->next=NULL;     //处理尾结点
    return(head);
}
```

2）查找算法

（1）按序号查找

```
LNode   *locate(LNode *head, int   i)   //返回第 i 个结点的指针
{
    int   j=1;
    LNode *p;
    p=head->next;
    while(p->next && j<i)   //下一结点不为空，且没到 i
    {
        p=p->next;
        j++;
    }
    if (i==j)
        return p;
    else
        return NULL;
}
```

（2）按值查找

```
LNode *locate (LNode *head, ElemType x)
{
    LNode *p;
    p=head->next;       //让 p 指向第一个结点
    while( p && p->data!=x)
        p=p->next;
    if(p==NULL)   //找到最后一个结点的指针域为空
        return 0;
    return p;
}
```

3）插入运算

将值为 x 的新结点插入到表的第 i 个结点的位置上，即插入到 a_{i-1} 与 a_i 之间。因此：

（1）首先找到 a_{i-1} 的存储位置 p。

（2）生成一个数据域为 x 的新结点*q。

（3）令结点*p 的指针域指向新结点，新结点的指针域指向结点 a_i，实现三个结点 a_{i-1}，x 和 a_i 之间的逻辑关系变化。

```
int   insert(LNode *head ,int   i, ElemType   x)
{   //在第 i 个结点之前插入值为 x 的新结点
    LNode *p,*q;
    int j=0;
    if(i<1)
        return 0;
    p=head;
    while( p && j<i-1 )   //找第 i-1 个结点
    {
```

```
            p=p->next;
            j++;
        }
    if(p==NULL)
            return 0;    //i 值超过表长+1
    q=(LNode *)malloc(sizeof(LNode));
    q->data=x;
    q->next=p->next;
    p->next=q;
    return 1;
}
```

4）删除运算

删除运算是将表的第 i 个结点删去。因为在单链表中结点 a_i 的存储地址是在其直接前趋结点 a_{i-1} 的指针域 next 中，所以：

（1）首先找到 a_{i-1} 的存储位置 p。

（2）然后令 p->next 指向 a_i 的直接后继结点，即把 a_i 从链上摘下。

（3）最后释放结点 a_i 的空间，将其归还给"存储池"。

```
int   delete(slink *head, int   i, ElemType *e)
{//删除单链表中第 i 个结点
    slink *p,*q;
    int j;
    p=head;    j=0;
    while(p->next && j<i-1)
    {
            p=p->next;
            j++;
    }
    if(p->next==NULL || j>i-1)
            return 0; //当 i>n 或 i<1 时，删除位置不合理
    q=p->next;    //q 指向被删除结点
    p->next=q->next;
    *e=q->data;
    free( q ) ;
    return 1;
}
```

2.2.2   实验目的

1. 掌握线性表的建立、插入、删除、查找及合并等运算在链式存储结构的实现。

2. 通过本节实验帮助学生加深对 C 语言的使用(特别是函数的参数调用、指针类型的应用和链表的建立等各种基本操作)。

3. 熟练掌握链表的各种操作和应用。

2.2.3   实验内容

1. 从键盘输入 n 个结点构成单链表，输出单链表的所有结点值。

2. 删除单链表中第 i 个结点，输出单链表中删除后的所有结点值。

3. 在单链表中删除第一个出现的指定值的结点，输出单链表的所有结点值。

4. 在单链表中第 i 号位置插入一个元素 x，输出单链表中插入结点 x 后的所有结点值。

5. 求单链表的长度。

6. 在单链表中查找值为 x 的数据元素，返回其首次出现的位置。

2.2.4 算法实现

【数据结构】

```
typedef struct node
{
    ElemType data;
    struct node *next;
}LNode,slink,*Linklist;
```

【算法描述】

1. 利用尾插法建立单链表 a。
2. 输入删除结点的位置，如果位置存在，调用 del 函数删除这个位置的结点。
3. 输入删除结点的值，如果值存在，调用 del1 函数进行删除。
4. 输入插入结点的位置及插入的值，如果插入位置合理，调用 insert 函数进行插入。
5. 输入要查询的值，如果值存在，调用 loca 函数，并显示此值的位置。

【代码实现】

```c
//2-2 单链表基本操作
#include<stdio.h>
#include<stdlib.h>
#include <malloc.h>
typedef int ElemType;
//结点的数据结构
typedef struct node
{
    ElemType data;
    struct node *next;
}LNode,slink,*Linklist;

//尾插法建立单链表
LNode *creatslink(int n)
{
    LNode *head,*p,*r;
    int i;
    if(n<1)
        return NULL;
    r=head=(LNode *)malloc(sizeof(LNode));    //头结点
    for(i=1;i<=n;i++)
    {
        p=(LNode *)malloc(sizeof(LNode));
        scanf("%d",&p->data);
        r->next=p;
        r=p;
    }
    r->next=NULL;    //处理尾结点
    return(head);
}

//链表不为空时，依次打印链表中的结点
void print(Linklist L)
```

```c
{
    LNode *head;
    head=L->next;
    if(head==NULL)
    {
        printf("链表为空!");
        return;
    }
    while(head!=NULL)
    {
        printf("%4d",head->data);
        head=head->next;
    }
    printf("\n");
}

//计算链表的长度
int length(slink *L)
{
    int num=0;
    LNode *p;
    p=L->next;
    while(p)
    {
        num++;
        p=p->next;
    }
    return num;
}

int   del(slink *head, int   i, ElemType *e)
{//删除单链表中第 i 个结点
    slink *p,*q;
    int j;
//判定删除位置是否正确
    if(i<1||i>length(head))
    {
        printf("没有这个结点\n");
        return 0;
    }
    p=head;j=0;
    while(p->next && j<i-1)
    {
        p=p->next;
        j++;    //寻找第 i-1 结点
    }
    if(p->next==NULL ||   j>i-1)
        return 0;//当 i>n 或 i<1 时，删除位置不合理
    q=p->next;    //q 指向被删除结点
    p->next=q->next;
    *e=q->data;// 用 e 保存被删除结点的值
    free( q ) ;
```

```
        return 1;
}
//寻找给定值的结点
LNode *locate (LNode *head,ElemType x)
{
        LNode *p;
        p=head->next;          //让 p 指向第一个结点
        while( p && p->data!=x)
                p=p->next;
        if(p==NULL)    //找到最后一个结点的指针域为空
                return 0;
        return p;
}

//寻找给定值为 x 的结点的位置，返回指向 x 的结点的前一个结点的指针 q
LNode *locate1 (LNode *head,ElemType x)
{
        LNode *p,*q;
        p=head->next;
        q=head;
        while( p && p->data!=x)
        {
                q=q->next;
                p=p->next;
        }
        if(p==NULL)
                return 0;
        else
                return q;
}

//删除给定值为 k 的结点
int del1(LNode *L,int k)
{
        LNode *c,*b;
        c=locate1(L,k);
        if(c==0)//如果没找到的处理方法
        {
                printf("不存在值为%d 的结点\n",k);
                return 0;
        }
        else
        {
                b=c->next; //指向被删除的结点
                c->next=b->next;//删除
                free(b);
                return 1;
        }
}

int   insert(LNode *head ,int   i, ElemType   x)
{//在第 i 个结点之前插入值为 x 的新结点
        LNode *p,*q;
```

```
        int j=0;
        if(i<1)
                return 0;
        p=head;
        while( p && j<i-1 )   //找第 i-1 个结点
        {
                p=p->next;
                j++;
        }
        if(p==NULL)
                return 0;   //i 值超过表长+1
        q=(LNode *)malloc(sizeof(LNode));
        q->data=x;
        q->next=p->next;
        p->next=q;
        return    1;
}
void main()
{
        LNode *a;
        int m,n,k,l,o,p,u,e;
        printf("请输入创建的节点数:");
        scanf("%d",&m);
        printf("请输入节点值:");
        a=creatslink(m);
        printf("创建的单链表为:");
        print(a);
        printf("请输入被删除节点的位置:");
shuru:
        scanf("%d",&k);
        n=del(a,k,&e);
        if(n==0)
        {
                printf("请输入正确的删除位置： ");
                goto shuru; //输入位置不存在时重新输入
        }
        else
        {
                printf("删除后的单链表为:");
                print(a);
        }
        //查找第一个值为 u 的结点并删除
        printf("请输入被删除节点的值为:");
shuru1:
        scanf("%d",&u);
        n=del1(a,u);
        if(n==0)
        {
                printf("请重新输入： ");
                goto shuru1; //输入位置不存在时重新输入
        }
        else
        {
```

```
                    printf("删除后的单链表为:");
                    print(a);
            }
            printf("请输入插入节点的位置:");
shuru2:
            scanf("%d",&l);
            if(l>length(a)+1||l<1)
            {
                    printf("插入位置错误，请重新输入:");
                    goto shuru2;
            }
            else
            {
                    printf("请输入插入节点的值:");
                    scanf("%d",&o);
                    insert(a,l,o);
                    printf("插入之后链表的值:");
                    print(a);
                    printf("此时链表的长度为:");
                    printf("%4d \n",length(a));
            }
            printf("请输入要查询的值:");
            scanf("%d",&p);
            if(locate(a,p)!=0)
            {
                    printf("要查询值的位置为:");
                    printf("%4d \n",loca(a,p));
            }
            else
            {
                    printf("所查询的值不存在  \n");
            }
}
```

【程序测试及结果分析】

1. 按照程序提示输入相关信息，得到运行结果如图 2.2 所示。

```
请输入创建的节点数:5
请输入节点值:10 9 8 7 6
创建的单链表为:   10   9   8   7   6
请输入被删除节点的位置:7
没有这个结点
请输入正确的删除位置: 4
删除后的单链表为:   10   9   8   6
请输入被删除节点的值为:5
不存在值为5的结点
请重新输入: 8
删除后的单链表为:   10   9   6
请输入插入节点的位置:7
插入位置错误，请重新输入:4
请输入插入节点的值:5
插入之后链表的值:   10   9   6   5
此时链表的长度为:    4
请输入要查询的值:9
要查询值的位置为:    2
Press any key to continue
```

图 2.2　单链表的基本操作运行结果

2. 根据运行中创建的节点及执行的操作进行判断，程序结果正确。

2.3　实验三　顺序表的合并

2.3.1　预备知识

将两个有序表归并为一个有序表的算法如下：

```
void MergeList_Sq(SqList La, SqList Lb, SqList &Lc)
{    // 已知顺序线性表 La 和 Lb 的元素按值递减排列。
     // 归并 La 和 Lb 得到新的顺序线性表 Lc，Lc 的元素也按值递减排列。
       ElemType *pa,*pb,*pc,*pa_last,*pb_last;
       pa = La.elem;   pb = Lb.elem;//pa 指向 La 的首地址，pb 指向 Lb 的首地址
       Lc.listsize = Lc.length = La.length+Lb.length; //Lc 的长度是 La 和 Lb 之和
       pc = Lc.elem = (ElemType *)malloc(Lc.listsize*sizeof(ElemType));//开辟 pc 的地址空间为 Lc 的长度大小
       if (!Lc.elem)
               exit(OVERFLOW);     // 存储分配失败
       pa_last = La.elem+La.length-1;// pa_last 为 La 表的长度
       pb_last = Lb.elem+Lb.length-1;// pb_last 为 Lb 表的长度
       while (pa <= pa_last && pb <= pb_last)
       {    // 归并
             if (*pa <= *pb)
                   *pc++ = *pa++;
             else
                   *pc++ = *pb++; //比较两个顺序表的第一个元素大小，将小的值放入 pc 中，并且对应的元素指针加 1
       }
       while (pa <= pa_last) *pc++ = *pa++;        // 插入 La 的剩余元素
       while (pb <= pb_last) *pc++ = *pb++;        // 插入 Lb 的剩余元素
}
```

2.3.2　实验目的

1. 熟练掌握顺序存储结构上的各种操作语句。
2. 能用顺序表的操作解决简单的应用问题。

2.3.3　实验内容

从键盘输入两个顺序表 A 和 B，其表中元素递减排序，编写程序将 A 和 B 合并成一个按元素值递减有序的顺序表 C。分别输出 A、B 和 C 中所有结点的值。

2.3.4　算法实现

【数据结构】

```
typedef   struct
{
      ElemType  *data;       //存储空间的基地址
      int    length;              //线性表的当前长度
      int    listsize;             //当前分配的存储容量
}sqlist;
```

【算法描述】

1. 初始化顺序表 A、B，输入 A、B 的元素。
2. 开辟顺序表 C 的存储空间，长度为 A 和 B 长度之和。初始化 i,j,k 为 0。
3. 如果 i 小于 A 的长度且 j 小于 B 的长度,进行第 4 步；否则进行第 5 步。
4. 如果 A[i]≥B[j]，则 C[k]=A[i]，i,k 均加 1；否则 C[k]=A[j]，j,k 均加 1。返回第 3 步。
5. 如果 i 小于 A 的长度，则在 C 后面插入 A 中剩余的元素。

6. 如果 j 小于 B 的长度，则在 C 后面插入 B 中剩余的元素。

【代码实现】

```
//2-3 顺序表的合并
#include "stdio.h"
#include "stdlib.h"
typedef   int ElemType;   //顺序表中元素的类型
#define INITSIZE    100    //顺序表存储空间初始分配量
#define LISTINCREMENT   10     //线性表存储空间的分配增量


typedef   struct
{
    ElemType   *data;            //存储空间的基地址
    int   length;                //线性表的当前长度
    int   listsize;              //当前分配的存储容量
}sqlist;

//输出元素
void list(sqlist *L)
{
    int j;
    printf("顺序表中的元素为： ");
    for(j=0;j<L->length;j++)
            printf("%d ",L->data[j]);
    printf("\n");
}


//输入元素
void inputlist(sqlist *L, ElemType n)
{
    ElemType *newbase,k,a;
    L->length=n;//设置顺序表的长度为 n
    if (L->length==L->listsize||L->length>L->listsize)
    { //空间不够,需增加存储空间
        newbase=(ElemType *)realloc(L->data, (L->listsize+LISTINCREMENT)*sizeof(ElemType));
        if (!newbase)
                exit(0) ;//空间分配失败
        L->data=newbase;   //   新基地址
        L->listsize+=LISTINCREMENT;
    } // 增加存储容量
    if(L->length>L->listsize)
    {
        printf("无法分配");
        exit(1);
    }
    else
    {
        printf("请输入%d 个递减的整数:\n",n);
        for(k=0;k<n;k++)
        {
            scanf("%d",&a);
```

```
                L->data[k]=a;
            }
        }
}
//初始化线性表
int initlist(sqlist *L)
{
    L->data=(ElemType*) malloc (INITSIZE*sizeof(ElemType) );
    //分配空间
    if (L->data==NULL)
    {
        return 0;
        printf("分配失败");
    }//若分配空间不成功，返回 0
    L->length=0;                        //将当前线性表长度置 0
    L->listsize=INITSIZE;               //当前顺序表的容量为初始量
    return 1;                           //成功返回 1
}


//销毁线性表
void destroylist(sqlist    *L)
{
    if (L->data)
        free(L->data); //释放线性表占据的所有存储空间
}


int MergeList_Sq(sqlist *La, sqlist *Lb, sqlist *Lc)
{
// 已知顺序线性表 La 和 Lb 的元素按值递减排列。
// 合并 La 和 Lb 得到新的顺序线性表 Lc，Lc 的元素也按值递减排列。
    ElemType i,j,k;
    i=j=k=0;
    Lc->listsize = Lc->length = La->length+Lb->length; //Lc 的长度是 La 和 Lb 之和
    Lc->data= (ElemType *)malloc(Lc->listsize*sizeof(ElemType));//开辟 pc 的地址空间为 Lc 的长度大小
    if (!Lc->data)
    {
        printf("顺序表 C 内存分配失败！");     // 存储分配失败
        return 0;
    }
    while (i < La->length && j < Lb->length)     // 合并
    {
        if (La->data[i] >= Lb->data[j])
            Lc->data[k++]=La->data[i++];
        else
            Lc->data[k++]=Lb->data[j++];
    }
    while (i < La->length)
        Lc->data[k++]=La->data[i++];          // 插入 La 的剩余元素
    while (j < Lb->length)
        Lc->data[k++]=Lb->data[j++];          // 插入 Lb 的剩余元素
    return 1;
```

```
    }

void main()
{
    sqlist A,B,C;
    int c,c1,n,n1;
    c=initlist(&A);
    if(c==0)
            printf("顺序表 A 内存分配失败！");
    else
    {
            printf("请输入顺序表 A 的长度 n:\n");
            scanf("%d",&n);
            inputlist(&A,n);
            list(&A);
    }
    c1=initlist(&B);
    if(c1==0)
            printf("顺序表 B 内存分配失败！");
    else
    {
            printf("请输入顺序表 B 的长度 n1:\n");
            scanf("%d",&n1);
            inputlist(&B,n1);
            list(&B);
    }
    printf("合并线性表 A 与 B 到 C 中后，");
    if(MergeList_Sq(&A, &B,&C))
            list(&C);
    else
            printf("合并失败");
    destroylist(&A);
    destroylist(&B);
    destroylist(&C);
}
```

【程序测试及结果分析】

1. 根据运行提示输入两个顺序表，并执行合并操作，结果如图 2.3 所示。

```
请输入顺序表A的长度n:
5
请输入5个递减的整数：
10 7 5 3 2
顺序表中的元素为：10 7 5 3 2
请输入顺序表B的长度n1:
4
请输入4个递减的整数：
9 8 6 1
顺序表中的元素为：9 8 6 1
合并线性表A与B到C中后，顺序表中的元素为：10 9 8 7 6 5 3 2 1
Press any key to continue
```

图 2.3　顺序表的合并运行结果

2. 结果显示，程序能够完成两个顺序表的合并功能。需要注意，输入的顺序表序列要按递减排序。

2.4 实验四 单链表的合并

2.4.1 预备知识

两个递减有序链表合并为一个递减有序链表的算法如下：

```
void MergeList_L(LinkList &La, LinkList &Lb, LinkList &Lc)
{
    // 已知单链线性表 La 和 Lb 的元素按值递减排列。
    // 合并 La 和 Lb 得到新的单链线性表 Lc，Lc 的元素也按值递减排列。
    LinkList pa, pb, pc;
    pa = La->next;
    pb = Lb->next;//pa、pb 分别指向两个有序链表的首元结点
    Lc = pc = La;                  // 用 La 的头结点作为 Lc 的头结点
    while (pa && pb)
    {   //当结点不为空时，比较两个结点的数据，将小的值或者相等的值插入 pc 结点后面
        if (pa->data <= pb->data) {
            pc->next = pa;
            pc = pa;
            pa = pa->next;
        }
        else
        {
            pc->next = pb;
            pc = pb;
            pb = pb->next;
        }
    }
    pc->next = pa ? pa : pb;    // 看 pa、pb 哪个链表还有剩余，插入 pc 结点后
    free(Lb);                   // 释放 Lb 的头结点
}
```

2.4.2 实验目的

1. 熟练掌握链式存储结构上的各种操作语句。

2. 能用单链表的操作解决简单的应用问题。

2.4.3 实验内容

从键盘输入两个单链表 A 和 B，其表中元素按递减排序，编写程序将 A 和 B 归并成一个按元素值按递减排序的单链表 C。分别输出单链表 A、B 和 C 所有结点的值。

2.4.4 算法实现

【数据结构】

```
typedef struct node
{
    ElemType data;
    struct node *next;
}LNode,slink,*Linklist;
```

【算法描述】

1. 按照尾插法建立递减序列单链表 A 和 B。

2. pa、pb 分别指向 A、B 的首元结点，pc 指向 A 链表头结点。

3. 当 pa、pb 指向的结点均不为空时，执行第 4 步，否则，执行第 5 步。

4. 如果 pa 指向的结点数据小于 pb 的，则 pc 的 next 指针指向 pb，pc 指向 pb，pb 指针指向其后继结点；否则，pc 的 next 指针指向 pa，pc 指向 pa，pa 指针指向其后继结点。返回第 3 步执行。

5. 如果 pa 不等于 NULL，则 pc 的 next 指向 pa；如果 pb 不等于 NULL，则 pc 的 next 指向 pb。

6. 释放 B 的头结点，程序结束。

【代码实现】

```c
//2-4 单链表的合并
#include<stdio.h>
#include<stdlib.h>
#include <malloc.h>
typedef int ElemType;

typedef struct node
{
    ElemType data;
    struct node *next;
}LNode,slink,*Linklist;

//尾插法建立单链表，并返回头指针 head
LNode *creatslink(int n)
{
    LNode *head,*p,*r;
    int i;
    if(n<1)
        return NULL;
    r=head=(LNode *)malloc(sizeof(LNode));    //头结点
    for(i=1;i<=n;i++)
    {
        p=(LNode *)malloc(sizeof(LNode));
        scanf("%d",&p->data);
        r->next=p;
        r=p;
    }
    r->next=NULL;
    return(head);
}

void print(slink *L)
{
    LNode *head;
    head=L->next;
    if(head==NULL)
    {
        printf("链表为空!");
        return;
    }
    while(head!=NULL)
    {
        printf("%4d",head->data);
        head=head->next;
```

```
        }
        printf("\n");
}


void MergeLinkList(slink *La, slink *Lb, slink *Lc)
{
    // 已知单链线性表 La 和 Lb 的元素按值递减排列。
    // 合并 La 和 Lb 得到新的单链线性表 Lc，Lc 的元素也按值递减排列。
    slink *pa, *pb, *pc;
    pa = La->next;
    pb = Lb->next;//pa、pb 分别指向两个有序链表的首元结点
    Lc = pc = La;              // 用 La 的头结点作为 Lc 的头结点
    while (pa && pb)
    {      //当结点不为空时，比较两个结点的数据，将大的值或者相等的值插入 pc 结点后面
        if (pa->data <= pb->data) {
            pc->next = pb;
            pc = pb;
            pb = pb->next;
        }
        else
        {
            pc->next = pa;
            pc = pa;
            pa = pa->next;
        }
    }
    pc->next = pa ? pa : pb;   // 看 pa、pb 哪个链表还有剩余，插入 pc 结点后
    free(Lb);                  // 释放 Lb 的头结点
    print(Lc);
}


void main()
{
    LNode *A,*B,*C;
    int k,l;
    printf("请输入 A 链表创建的节点数:");
    scanf("%d",&k);
    printf("请按照递减顺序输入 A 链表创建的节点值:");
    A=creatslink(k);
    printf("请输入 B 链表创建的节点数:");
    scanf("%d",&l);
    printf("请按照递减顺序输入 B 链表创建的节点值:");
    B=creatslink(l);
    printf("--------------------------------\n");
    printf("A 链表为：");
    print(A);
    printf("B 链表为：");
    print(B);
    printf("合成后链表 C 为:");
    MergeLinkList(A,B,C);
}
```

【程序测试及结果分析】

1. 按照程序提示，输入两个单链表，得到合并结果如图 2.4 所示。

图 2.4　单链表合并运行结果

2. 结果分析，根据运行结果，程序正确。需要注意：输入的 A、B 两个链表结点数据必须按递减排序。

2.5　实验五　单链表倒置

2.5.1　实验目的

1. 熟练掌握链式存储结构上的各种操作语句。

2. 能用单链表的操作解决简单的应用问题。

2.5.2　实验内容

已知单链表 H，写一算法将其倒置。

2.5.3　算法实现

【数据结构】

```
typedef struct node
{
    ElemType data;
    struct node *next;
}LNode,slink,*Linklist;
```

【算法描述】

1. p 指向单链表的首元结点，L 的头结点的 next 置为空。

2. 如果 p 不为空，则用 r 存储 p 的后继，p 指向的结点插入头结点后，p 指向 r。

3. 重复第 2 步，直到 p 指向 NULL，结束程序。

【代码实现】

```
//2-5 单链表倒置
#include<stdio.h>
#include<stdlib.h>
#include <malloc.h>
typedef int ElemType;
//数据结构
typedef struct node
{
    ElemType data;
    struct node *next;
}LNode,slink,*Linklist;

//尾插法建立单链表，并返回头指针 head
LNode *creatslink(int n)
```

```
{
    LNode *head,*p,*r;
    int i;
    if(n<1)
        return NULL;
    r=head=(LNode *)malloc(sizeof(LNode));    //头结点
    for(i=1;i<=n;i++)
    {
        p=(LNode *)malloc(sizeof(LNode));
        scanf("%d",&p->data);
        r->next=p;
        r=p;
    }
    r->next=NULL;
    return(head);
}


//打印单链表
void print(slink *L)
{
    LNode *head;
    head=L->next;
    if(head==NULL)
    {
        printf("链表为空!");
        return;
    }
    while(head!=NULL)
    {
        printf("%4d",head->data);
        head=head->next;
    }
    printf("\n");
}
//单链表倒置
void ReverceLinkList(slink *L)
{
    slink *p,*r; //p 为工作指针，r 为 p 的后继以防断链
    p=L->next;    //从第一个元素结点开始
    L->next=NULL;//先将头结点 L 的 next 域置为 NULL
    while(p!=NULL)    //p 指向的结点不为空
    {
        r=p->next;    //暂存 p 的后继
        p->next=L->next;    //将 p 结点插入到头结点之后
        L->next=p;
        p=r;
    }
}


void main()
```

```
{
    LNode *L;
    int k;
    printf("请输入 L 链表创建的节点数:");
    scanf("%d",&k);
    printf("请输入 L 链表创建的节点值:");
    L=creatslink(k);
    printf("链表 L 为：");
    print(L);
    ReverceLinkList(L);
    printf("倒置后链表为:");
    print(L);
}
```

【程序测试及结果分析】

1. 程序测试结果如图 2.5 所示，根据程序提示输入 L 链表的节点数及节点值，可以得到倒置后的结果。

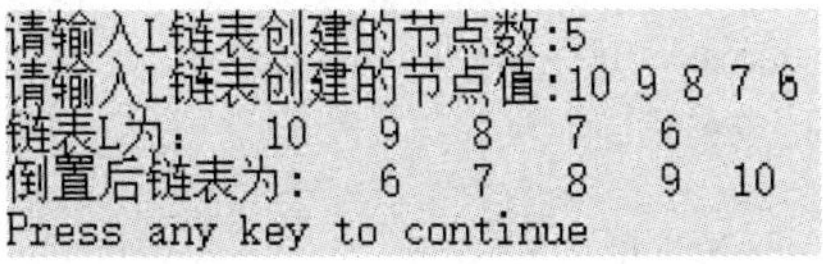

```
请输入L链表创建的节点数:5
请输入L链表创建的节点值:10 9 8 7 6
链表L为：    10    9    8    7    6
倒置后链表为：    6    7    8    9    10
Press any key to continue
```

图 2.5　单链表倒置程序运行结果

2. 根据结果所示，完成了倒置功能，程序正确。

2.6　实验六　删除重复结点

2.6.1　实验目的

1. 熟练掌握链式存储结构上的各种操作语句。
2. 能用单链表的操作解决简单的应用问题。

2.6.2　实验内容

已知单链表 L，写一算法，删除其重复结点。

2.6.3　算法实现

【数据结构】

```
typedef struct node
{
    ElemType data;
    struct node *next;
}LNode,slink,*Linklist;
```

【算法描述】

1. 用指针 p 指向单链表头结点的 next。
2. 如果 p 不等于 NULL，q 指向 p 的后继结点，执行第 3 步；否则结束程序。
3. 如果 q 不等于 NULL，判断 q 的结点值是否等于 p 的结点值，如果相等则删除 q 结点，如果不等则 q 指针后移，重复第 3 步，直至 q 等于 NULL。
4. p 指向其后继结点，返回第 2 步执行。

【代码实现】

```
//2-6 删除重复结点
```

```c
#include<stdio.h>
#include<stdlib.h>
#include <malloc.h>
typedef int ElemType;

typedef struct node
{
    ElemType data;
    struct node *next;
}LNode,slink,*Linklist;

//尾插法建立单链表，并返回头指针 head
LNode *creatslink(int n)
{
    LNode *head,*p,*r;
    int i;
    if(n<1)
        return NULL;
    r=head=(LNode *)malloc(sizeof(LNode));    //头结点
    for(i=1;i<=n;i++)
    {
        p=(LNode *)malloc(sizeof(LNode));
        scanf("%d",&p->data);
        r->next=p;
        r=p;
    }
    r->next=NULL;
    return(head);
}

//打印单链表
void print(slink *L)
{
    LNode *head;
    head=L->next;
    if(head==NULL)
    {
        printf("链表为空!");
        return;
    }
    while(head!=NULL)
    {
        printf("%4d",head->data);
        head=head->next;
    }
    printf("\n");
}
//删除重复的结点
void delredundant(slink    *head)
{
    slink *p,*q,*s;
```

```
        p=head->next;    //p 指向首元结点
        while(p!=NULL)
        {
                q=p->next;s=p;    //q 指向 p 的下一个结点，s 指向 p
                while(q!=NULL ) // p 的下一个结点不为空
                {
                        if (q->data==p->data)   //如果 q 的结点值和 p 的结点值相同
                        {
                                s->next=q->next;   //删除 q
                                free(q);   //释放 q 结点
                                q=s->next;//q 指向 s 的下一结点
                        }
                        else
                        {
                                s=q;
                                q=q->next;
                        }   //如果不相同，s 指向 q，q 指针后移
                }
                p=p->next;   //找到最后一个结点后，p 指针后移
        }
}


void main()
{
        LNode *L;
        int k;
        printf("请输入 L 链表创建的节点数:");
        scanf("%d",&k);
        printf("请输入 L 链表创建的节点值:");
        L=creatslink(k);
        printf("链表 L 为：");
        print(L);
        delredundant(L);
        printf("删除重复结点后链表为:");
        print(L);
}
```

【程序测试及结果分析】

1. 程序运行结果如图 2.6 所示，按照程序提示输入单链表 L，通过程序删除结点中的重复数据。

图 2.6　删除重复结点程序运行结果

2. 结果分析：原输入结点中有两个 9、两个 6 和两个 1，输出后均保留了第 1 次出现的那个结点，后面重复的被删除。

2.7 实验七 约瑟夫（Joseph）问题

2.7.1 预备知识

约瑟夫问题（有时也称为约瑟夫斯置换）是一个出现在计算机科学和数学中的问题。在计算机编程的算法中，类似问题又称为约瑟夫环，也称"丢手绢问题"。

据说著名犹太历史学家 Josephus 有过以下的故事：在罗马人占领乔塔帕特后，39 个犹太人与 Josephus 及他的一个朋友躲到一个洞中，39 个犹太人决定宁愿死也不要被敌人抓到，于是决定了一个自杀方式：41 个人排成一个圆圈，由第 1 个人开始报数，每报数到第 3 人该人就必须自杀，然后再由下一个重新报数，直到所有人都自杀身亡为止。然而 Josephus 和他的朋友并不想遵从。首先从一个人开始，越过 k-2 个人（因为第一个人已经被越过），并杀掉第 k 个人。接着，再越过 k-1 个人，并杀掉第 k 个人。这个过程沿着圆圈一直进行，直到最终只剩下一个人留下，这个人就可以继续活着。问题是，给定了人数总和，一开始要站在什么地方才能避免被处决？Josephus 要他的朋友先假装遵从，他将朋友与自己安排在第 16 个与第 31 个位置，最终逃过了这场死亡游戏。

17 世纪的法国数学家加斯帕在《数目的游戏问题》中讲了这样一个故事：15 个教徒和 15 个非教徒在深海上遇险，必须将一半的人投入海中，其余的人才能幸免于难，于是想了一个办法：30 个人围成一圆圈，从第一个人开始依次报数，每数到第九个人就将他扔入大海，如此循环进行，直到仅余 15 个人为止。问怎样的排法，才能使每次投入大海的都是非教徒。

约瑟夫问题并不难，但求解的方法很多，可以采用循环链表和循环数组存储求解。

2.7.2 实验目的

1. 掌握顺序表及单向循环链表的基本操作。
2. 能熟练运用学过知识解决实际问题。

2.7.3 实验内容

实验内容 1：编号是 1，2，…，n 的 n 个人按照顺时针方向围坐一圈，一开始任选一个正整数作为报数上限值 m，从第一个人开始顺时针方向自 1 开始顺序报数，报到 m 时停止报数。报 m 的人出列，从他在顺时针方向的下一个人开始重新从 1 报数，如此下去，直到所有人全部出列为止。请用顺序表存储 n 个人的编号，编写程序求出列编号顺序。

实验内容 2：编号是 1，2，…，n 的 n 个人按照顺时针方向围坐一圈，每个人只有一个密码（正整数）。一开始任选一个正整数作为报数上限值 m，从第一个人开始顺时针方向自 1 开始顺序报数，报到 m 时停止报数，报 m 的人出列，将他的密码作为新的 m 值，从他在顺时针方向的下一个人开始重新从 1 报数，如此下去，直到所有人全部出列为止。请用单循环链表存储 n 个人的编号和密码，请编写程序求出出列的编号顺序。

2.7.4 顺序表实现实验内容 1 算法

【数据结构】

```
typedef struct List
{
    int    data[MaxSize];   //定义顺序表数组
    int    length;          //顺序表长度
}*Sqlist;
```

【算法描述】

1. 建立顺序表，将 n 个人的编号 1 到 n 存入到 data[i]中；
2. 输入参与的人数 n 与每次出列的编号 m；

3. 初始化 t=0，i=length；

4. 如果 i≥1，从下标为 t 的人开始报数，数到 m 的人（下标 t=(t+m-1)%i）输出，并将其从数组中删除，将 m 后面的元素全部前移一个位置，进行第 5 步；否则程序结束。

5. 数组长度 i=i-1，返回第 4 步执行。

【代码实现】

```
//2-7 约瑟夫问题顺序表实现
#include<stdio.h>
#include<stdlib.h>
#include <iostream>
#define MaxSize 100
typedef struct List
{
        int    data[MaxSize];    //定义顺序表数组
        int    length;        //顺序表长度
}*Sqlist;
void InitList(Sqlist &L)      //顺序表初始化
{
        L=(Sqlist)malloc(sizeof(Sqlist));
        L->length=0;
}

void CreateList(Sqlist &L)    //建立顺序表
{
        int n;
        printf("您想输入的人数为:");
        scanf("%d",&n);
        printf("最初的顺序表为:\n");
        for(int i=0;i<n;i++)
        {
            L->data[i]=i+1;
            printf("%d ",L->data[i]);
            L->length=n;
        }
        printf("\n");
}
void josephus(Sqlist &L,int m)    //约瑟夫环问题解决
{
        int i,j,t;
        t=0;
        printf("出列顺序为:");
        for(i=L->length;i>=1;i--)
        {
            t=(t+m-1)%i;
            printf("%d ",L->data[t]); //打印出列的第 m 个元素
            for(j=t+1;j<=i-1;j++)
            L->data[j-1]=L->data[j]; //m 出列后，后面元素前移
        }
        printf("\n");
}
```

041

```
int main()
{
	int m;
	Sqlist L;
	InitList( L);   //初始化顺序表
	CreateList(L);   //建立顺序表
	printf("每次出列的编号为:");
	scanf("%d",&m);
	josephus(L,m);   //调用约瑟夫环解决问题
	return 0;
}
```

【程序测试及结果分析】

1. 程序测试结果如图 2.7 所示，运行时输入总人数及每次出列的编号，程序按照约瑟夫问题算法，给出出列的编号。

```
您想输入的人数为:8
最初的顺序表为:
1 2 3 4 5 6 7 8
每次出列的编号为:4
出列顺序为:4 8 5 2 1 3 7 6
Press any key to continue
```

图 2.7　约瑟夫问题顺序表实现程序运行结果

2. 由结果可知，出列顺序正确。

2.7.5　单向循环链表实现实验内容 2 算法

【数据结构】

```
typedef struct node
{
	Datatype code;   //密码
	Datatype num;    //编号
	struct node *next;   //指针
}Linklist;
```

【算法描述】

1. 建立单循环链表，输入各结点的编号和密码值。

2. p 指向第一个结点，输入 m 作为报数的上限值。

3. 如果 p 不是最后一个出列的结点，则从当前结点开始寻找报数为 m 的结点，用 p 指向它，输出其编号，并且将其密码值作为下一个报数的上限值 m，执行步骤 4。否则，输出最后一个结点 p 的编号，程序结束。

4. 删除此结点，p 指向其后面的结点，重复第 3 步操作；

【代码实现】

```
//2-8 单向循环链表实现约瑟夫问题
#include"stdio.h"
#include"malloc.h"
typedef int Datatype;
typedef struct node
{
	Datatype code;          //密码
	Datatype num;           //编号
```

```c
        struct node *next; //指针
}Linklist;

Linklist *creatsclist(int n)      //建立单循环链表
{
        Linklist *p,*q,*H;
        int i,code;
        i=1;      //编号初值为 1
        H=p=(Linklist *)malloc(sizeof(struct node));   //建立第一个结点
        p->num=i; //第一个结点赋值编号为 1
        printf("请输入第%d 人的密码： ",i);
        scanf("%d",&p->code);
        for(i=2;i<=n;i++)
        {
                q=(Linklist *)malloc(sizeof(struct node)); //建立新的结点
                if(q==0)
                        return(0);
                printf("请输入第%d 人的密码： ",i);
                scanf("%d",&q->code);
                q->num=i;      //新的结点编号赋值
                p->next=q;     //将 q 链接到头结点后面
                p=q;          //p 指针后移，i+1
        }
        p->next=H;     //最后一个结点链接到第一个结点，构成单循环链表
        return H; //  返回头指针
}


void Joseph(Linklist *H)
{
        Linklist *p=H,*q,*s;
        int m,i;
        printf("请输入 m 的初值:");
        scanf("%d",&m);
        printf("出列顺序为:");
        while(p->next!=p)      //如果 p 不是最后一个结点
        {
                for(i=1;i<m;i++)   //寻找报数为 m 的结点
                {
                        q=p;
                        p=p->next;
                }
                printf("%5d",p->num);   //输出其编号
                m=p->code;        //它的密码作为新的 m
                s=p;
                q->next=p->next;    //出列后删除报数为 m 的结点
                p=p->next;      //p 指向下一个结点
                free(s);     //释放报数为 m 的结点
        }
        printf("%5d",p->num);   //输出最后一个出列的结点
        printf("\n");
}
```

```
int main()
{
    Linklist *H;
    int n;
    printf("请输入总人数：");
    scanf("%d",&n);
    printf("\n");
    H=creatsclist(n);    //建立单循环链表
    printf("--------------------------\n");
    printf("约瑟夫环问题结果输出\n");
    Joseph(H);
    return 0;
}
```

【程序测试及结果分析】

1. 程序测试结果如图 2.8 所示。按照运行提示输入总人数，每个人的密码，报数的上限值 m，得到如下运行结果。

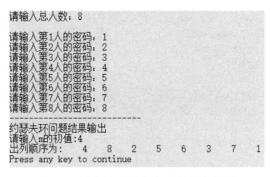

图 2.8　单向循环链表实现约瑟夫问题

2. 结果分析：本实验得到的结果与上一个实验结果不同，原因在于，顺序表中报数时每次报数为 m 的人出列，而本实验要求，报 m 的人出列，将他的密码作为新的 m 值，重新报数，直到全部出列。

2.8　实验八　一元多项式的加减运算

2.8.1　预备知识

在数学上，一个一元多项式 $P_n(x)$ 按升幂可写成：

$$P_n(x) = p_0 + p_1 x + p_2 x^2 + \cdots + p_n x^n$$

它由 n+1 个系数唯一确定，因此可用一个线性表 P 来表示：

$$P = (p_0,\ p_1,\ p_2,\ \cdots p_n)$$

每一项的指数 i 隐含在系数 p_i 的序号里。设有一元 m 次多项式 $Q_m(x)$，用线性表 Q 来表示：

$$Q = (q_0,\ q_1,\ q_2,\ \cdots q_n)$$

不失一般性，设 m<n，则两个多项式相加，结果可表示成：

$$R = (p_0 + q_0,\ p_1 + q_1,\ p_2 + q_2,\ \cdots p_n + q_n)$$

分析：

对 P、Q、R 可用顺序存储结构，多项式相加的算法定义将十分简单，但通常应用中多项式的次数可能很高，使得顺序存储结构的最大长度很难确定；另外很多项的系数也可能为 0，比如

$S(x) = 1 + 5x^{10000} + 3x^{30000}$，如果用顺序表，长度要设定为 30001，造成存储空间的极大浪费。为了改变这种情况，我们采用单链表结构，存储时除了存储每一项系数，还应该存储每一项的指数。因此对于一元 n 次多项式

$$P_n(x) = p_0x^{e_0} + p_1x^{e_1} + p_2x^{e_2} + \cdots + p_mx^{e_m}$$

其中，系数 $p_i \neq 0$，$0 \leqslant e_0 < e_1 < e_2 \cdots < e_m = n$

只需要使用长度为 m 的线性表，每个元素保存两个数据项（p_i，e_i），就可存储多项式，并且大大节省存储空间。

因此，在实际应用中，如果多项式是非稀疏多项式，则可以采用顺序存储结构，如果是稀疏多项式，则采用链式存储结构比较灵活。

针对此实验，采取链式存储结构，结点结构如下所示。

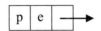

2.8.2 实验目的
掌握链式存储方法，并利用链式存储解决实际问题。

2.8.3 实验内容
输入多项式 a 和 b，编写程序，实现 a+b 和 a-b，并输出结果。

2.8.4 算法实现
【数据结构】
```
typedef struct LNode
{
    float coef; //系数
    int expn;    //指数
    struct LNode *next;
}LNode,*Linklist;
```
【算法描述】

1. 多项式的创建算法步骤
（1）建立头结点。

（2）根据多项式的项数 m，循环 m 次执行以下操作：

1）开辟一个新结点，输入数据项系数和指数；

2）如果系数为 0，释放这个结点；

3）如果系数不为 0，原链表为空，则插入头结点后；

4）如果系数不为 0，查找指数相同的结点，合并系数到原结点，释放新结点，否则找到合适的位置，插入。

（3）返回链表头指针。

2. 多项式加法算法步骤
（1）指针 qa 初始化指向 a 多项式首元结点，qb 初始化指向 b 多项式首元结点；

（2）建立新的头结点 hc，使 headc 指向 hc；

（3）如果多项式 qa 或者 qb 非空，则执行以下步骤：

1）建立新结点 qc，比较 qa 和 qb 的指数大小，如果 qa 的指数大于 qb 的指数或者 qb 所指结点为空，则 qc 的系数就等于 qa 的系数，指数等于 qa 的指数，qa 指向下一结点；如果 a 的指数等于 b 的指数，则 qc 的系数是两个多项式当前项系数之和，qa、qb 指向下一结点；如果 qa 指向的结点为

空，但 qb 不为空,就将 qb 的系数、指数赋于 qc 的系数、指数。

（2）如果 qc 的系数不为 0，则将 qc 链接在结点 hc 后；否则，释放 qc；

（4）返回求和后的新链表头指针 headc，程序结束。

3. 多项式减法算法步骤

（1）定义指针 p 指向 b 多项式的首元结点；

（2）如果 p 存在，将 p 的系数乘以-1；否则调用多项式加法函数，进行多项式 a、b 的相加，返回相加后的新链表头指针 headc，程序结束。

（3）p 指针后移，指向下一结点，重复执行第 2 步。

【代码实现】

```
//2-9 一元多项式的加减运算
#include<stdio.h>
#include<malloc.h>

typedef struct LNode
{
    float coef; //系数
    int expn;    //指数
    struct LNode *next;
}LNode,*Linklist;

void Insert(Linklist p,Linklist h)
{//将 p 插入头结点 h 的链表中
    if(p->coef==0)
        free(p);//系数为 0，释放结点
    else
    {
        Linklist q1,q2;
        q1=h;   //q1 指向头结点
        q2=h->next;  //q2 指向头结点的 next
        while(q2&&p->expn<q2->expn)
        { //如果 q2 结点存在，并且 p 的指数小于 q2 的指数，q2 指针后移
            q1=q2;
            q2=q2->next;
        }
        if(q2&&p->expn==q2->expn)
        { //如果 q2 结点存在，并且 p 的指数等于 q2 的指数，q2 的系数和 p 的系数相加赋给 q2
            q2->coef+=p->coef;
            free(p); //释放 p 结点
            f(!q2->coef)   //
            {//如果 q2 系数为 0,则释放结点 q2
                q1->next=q2->next;
                free(q2);
            }
        }
        else
        { //如果 q2 结点不存在或者 p 的指数大于 q2 的指数，则将 p 结点插入 q1 后 q2 前
            p->next=q2;
            q1->next=p;
```

```
                }
            }
    }

Linklist CreatPolynamial(Linklist head,int m) //建立头指针为 head 的 m 项的一元多项式
{
        int i;
        Linklist p;
        p=head=(Linklist)malloc(sizeof(struct LNode)); //建立头结点
        head->next=NULL;
        for(i=0;i<m;i++)
        {
            p=(Linklist)malloc(sizeof(struct LNode));//建立新结点
            printf("请输入第%d 项的系数与指数:",i+1);
            scanf("%f %d",&p->coef,&p->expn);
            Insert(p,head);        //调用 Insert 函数插入结点
        }
        return head;    //返回链表头指针
}

void PrintLinklist(Linklist P)
{//输出一元多项式 p
    Linklist q=P->next; //q 指向首元结点
    int flag=1; //项数计数器
    if(!q)
    { //若多项式为空，输出 0
        putchar('0');
        printf("\n");
        return;
    }
    while(q)    //若多项式不为空
    {
        if(q->coef>0&&flag!=1) putchar('+'); //系数大于 0 且不是第一项
        if(q->coef!=1&&q->coef!=-1)
        { //系数非 1 或-1 的情况，输出系数
            printf("%g",q->coef);
            if(q->expn==1) putchar('X');    //如果指数为 1，输出 X
            else if(q->expn) printf("X^%d",q->expn); //如果指数不为 1 和 0，输出 X^expn
        }
        else
        {
            if(q->coef==1) //如果系数等于 1
            {
                if(!q->expn)    //如果指数等于 0，则输出 1
                    putchar('1');
                else    if(q->expn==1) //如果指数等于 1，则输出 X
                        putchar('X');
                    else //其他情况，输出 X^expn
                        printf("X^%d",q->expn);
            }
            if(q->coef==-1) //如果系数等于-1
```

```c
            {
                if(!q->expn) //如果指数等于 0，则输出-1
                    printf("-1");
                else   if(q->expn==1) //如果指数等于 1，则输出-X
                        printf("-X");
                    else                    //其他情况，输出-X^expn
                        printf("-X^%d",q->expn);
            }
        }
        q=q->next; //q 指向下一项
        flag++;    //项数加 1
    }
    printf("\n");
}


int Compare(Linklist a,Linklist b)
{//比较 a,b 中 x 的指数的大小
    if(a&&b) //如果 a 和 b 都存在
    {
        if(a->expn>b->expn)   //如果 a 的指数大于 b 的指数，则返回 1
            return 1;
        else   if(a->expn<b->expn)   //如果 a 的指数小于 b 的指数，则返回-1
                return -1;
            else              //如果 a 的指数等于 b 的指数，则返回 0
                return 0;
    }
    else   if(!a&&b)//a 多项式已空，但 b 多项式非空
            return -1;
        else//b 多项式已空，但 a 多项式非空
            return 1;
}


Linklist AddPolynamial(Linklist pa,Linklist pb)
{   //求解并建立多项式 a+b，返回其头指针
    Linklist qa=pa->next;
    Linklist qb=pb->next;
    Linklist headc,hc,qc;
    hc=(Linklist)malloc(sizeof(struct LNode));//建立头结点
    hc->next=NULL;
    headc=hc;
    while(qa||qb) //如果多项式 a 首元结点非空或者 b 的首元结点非空
    {
        qc=(Linklist)malloc(sizeof(struct LNode));   //建立结点 qc
        switch(Compare(qa,qb))   //比较两个结点的指数大小
        {
            case 1:  //如果 qa 的指数大于 qb 的指数,或者 qb 所指结点为空，则 qc 的系数就等于 qa 的系数，指数
等于 qa 的指数
                {
                    qc->coef=qa->coef;
                    qc->expn=qa->expn;
                    qa=qa->next;     //qa 指向下一项
```

```
                break;
        }
        case 0:   //如果 a 的指数等于 b 的指数,则 qc 的系数是两个多项式当前项系数之和
        {
                qc->coef=qa->coef+qb->coef;
                qc->expn=qa->expn;
                qa=qa->next; //qa 指向下一项
                qb=qb->next;      //qb 指向下一项
                break;
        }
        case -1:  //a 多项式已空，但 b 多项式非空,就将 b 多项式的当前项赋于 qc
        {
                qc->coef=qb->coef;
                qc->expn=qb->expn;
                qb=qb->next;      //qb 指向下一项
                break;
        }
        }
        if(qc->coef!=0)   //如果 qc 的系数不为 0，则将 qc 链接在结点 hc 后
        {
                qc->next=hc->next;
                hc->next=qc;
                hc=qc;
        }
        else
                free(qc);//当相加系数为 0 时，释放该结点
    }
    return headc;
}

Linklist SubPolynamial(Linklist pa,Linklist pb)   //求解多项式 a-b
{
    Linklist p=pb->next; // p 指向多项式 pb 的第一项
    while(p)   //如果 p 存在
    {
        p->coef=(-1)*p->coef;   //将系数加上减号
        p=p->next;   //指向下一项
    }
    return AddPolynamial(pa,pb);   //将每项加了减号的 pb 与 pa 相加，并返回头指针
}

void main()
{
    int m,n;
    Linklist pa=0,pb=0,pc;
    printf("请输入多项式 a 的项数:");
    scanf("%d",&m);
    pa=CreatPolynamial(pa,m); //建立多项式 a
    printf("多项式 a=");
    PrintLinklist(pa);
```

```
            printf("\n 请输入多项式 b 的项数:");
            scanf("%d",&n);
            pb=CreatPolynamial(pb,n);//建立多项式 b
            printf("多项式 b=");
            PrintLinklist(pb);

            pc=AddPolynamial(pa,pb);
            printf("\n 多项式 a+b=");
            PrintLinklist(pc);
            pc=SubPolynamial(pa,pb);
            printf("多项式 a-b=");
            PrintLinklist(pc);
    }
```

【程序测试及结果分析】

1. 程序运行结果如图 2.9 所示，根据程序提示输入两个多项式 a 和 b，得出 a+b 和 a-b 的值。

```
请输入多项式a的项数:3
请输入第1项的系数与指数:3 3
请输入第2项的系数与指数:4 2
请输入第3项的系数与指数:5 1
多项式a=3X^3+4X^2+5X

请输入多项式b的项数:2
请输入第1项的系数与指数:1 4
请输入第2项的系数与指数:2 2
多项式b=X^4+2X^2

多项式a+b=X^4+3X^3+6X^2+5X
多项式a-b=-X^4+3X^3+2X^2+5X
Press any key to continue
```

图 2.9　一元多项式的加减运算运行结果

2. 结果分析：两个多项式相加和相减结果正确，大家可以换不同的数据进行测试一下。

2.9　实验九　双向链表的插入删除

2.9.1　预备知识

双链表：在单链表的每个结点中再设置一个指向其前驱结点的指针域，其结点结构如下所示。

prior	data	next

data：数据域，存储数据元素；

prior：指针域，存储该结点的前趋结点地址；

next：指针域，存储该结点的后继结点地址。

在 C 语言中，可以描述为：

```
typedef struct DuLNode    //双链表结点类型
{
    ElemType data;
    struct DuLNode *next;    //指向直接后继结点
    struct DuLNode *prior;   //指向直接前驱结点
}DuLNode,*DuLinkList; //双链表类型
```

和单链表类似，双链表一般也是由头指针唯一确定的，增加头结点也能使双链表上的某些运算变得方便。

设指针 p 指向某一结点，则双向链表结构的对称性可用下式描述：

(p->prior)->next=p=(p->next)->prior

即结点*p 的存储位置既存放在其前趋结点*(p->prior)的直接后继指针域中，也存放在它的后继结点*(p->next)的直接前趋指针域中。双向链表在插入和删除时与单链表有很大的不同，它分别要修改两个方向的指针。插入操作如图 2.10 所示。

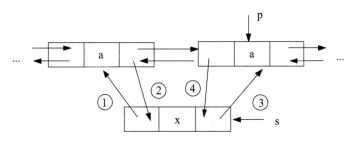

图 2.10　双向链表的插入操作

插入时需要修改四个指针，①②③④相应的插入语句如下：

① s->prior=p->prior;

② p->prior->next=s;

③ s->next=p;

④ p->prior=s;

删除操作如图 2.11 所示。

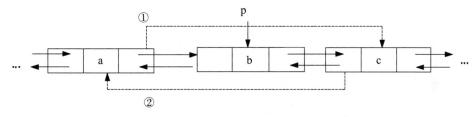

图 2.11　双向链表的删除操作

删除时需要修改两个指针，①②对应的删除语句如下：

① p->prior->next=p->next;

② p->next->prior=p->prior;

2.9.2　实验目的

掌握双向链表的插入删除操作。

2.9.3　实验内容

建立一个双向链表，实现结点的插入与删除操作。

2.9.4　算法实现

【数据结构】

```
typedef struct DuLNode{
    ElemType data;              //数据域
    struct DuLNode *prior;      //直接前驱
    struct DuLNode *next;       //直接后继
}DuLNode, *DuLinkList;
```

【算法描述】

1. 在带头结点的双向链表 L 中第 i 个位置插入元素 e

（1）判断位置 i 是否合理，如果 i<1 或者 i>length+1，则返回 0。

（2）如果 i=1，插入位置是表头，则 p 指向首元结点，建立新结点 s，利用 L->next = s;s->prior = L; s->next = p;p->prior = s;四条语句将 s 插入头结点后，p 之前。

（3）如果 i=length，插入位置是表尾，则建立新结点 s，将 p 移到链表 L 的尾结点，用 p->next = s;s->prior = p;s->next = NULL;三条语句将 s 插入到 p 后面，表长加 1。

（4）如果不是前面两种情况，则插入位置 i 在链表中间，令 p 指向 i 位置结点，建立新结点 s，利用 s->prior = p->prior;p->prior->next = s; s->next = p; p->prior = s；四条语句将 s 插入 p 前面，链表长度加 1。

2. 删除带头结点的双向链表 L 中第 i 个位置的元素

（1）利用函数 GetElemP_DuL 找到第 i 个位置，并用指针 p 指向这个删除结点。

（2）如果 p 不等于 NULL，利用 p->prior->next = p->next;修改被删结点 p 的前驱结点的后继指针指向 p 的后继，利用 p->next->prior = p->prior; 修改被删结点的后继结点的前驱指针指向 p 的前驱。

（3）如果 p 等于 NULL，则被删除结点是最后一个结点，直接令 p 的前驱结点的后继指针等于 NULL。

（4）释放 p 结点，链表长度减 1。

【代码实现】

```
//2-10 双向链表的插入删除
#include <stdio.h>
#include <stdlib.h>

typedef int ElemType;     //ElemType 为可定义的数据类型，此处设为 int 类型
int length;
typedef struct DuLNode
{
    ElemType data;        //数据域
    struct DuLNode *prior;    //直接前驱
    struct DuLNode *next;     //直接后继
} DuLNode, *DuLinkList;

//后插法双向链表的创建
DuLinkList CreateDuList_L(int n)
{
    DuLinkList r, p,L;
    int i;
    L = (DuLNode*)malloc(sizeof(DuLNode));
    if (L == NULL)
    {
        printf("初始化失败");
        exit(0);
    }
    L->next = NULL; //头结点的指针域置空
    L->prior = NULL;   //头结点的指针域置空
    r = L;//尾指针 r 指向头结点
    length = 0; //长度为 0
```

```
        printf("请输入%d 个结点的数据:",n);
        for(i=0;i<n;i++)
        {
                p= (DuLNode*)malloc(sizeof(DuLNode));
                scanf("%d",&p->data);
                r->next = p; //插入到表尾
                p->prior =r;   //p 的前向指针指向 r
                r = p; //r 指向新的尾结点
                length++;
        }
        r->next=NULL;   //尾结点后向指针置为空
        return L;
}
//在带头结点的双向链表 L 中查找第 i 个元素，返回结点的地址
DuLNode *GetElemP_DuL(DuLinkList &L, int i)
{
        int j;
        DuLinkList p;
        p = L->next;        //p 指向第一个结点
        j = 1;     //初始化，j=1
        while (j < i && p)
        { //顺链域向后查找，直到 p 指向第 i 个元素或 p 为空
                p = p->next;
                ++j;
        }
        if (!p || j > i)
                return NULL; //第 i 个元素不存在
        return p;


//双向链表的插入
int ListInsert_DuL(DuLinkList &L, int i, ElemType e)
{       //在带头结点的双向链表 L 中第 i 个位置插入元素  e
        DuLinkList s, p;
        if (i<1||i>length+1)            //如果位置不合理，返回 0
                return 0;
        if (i == 1)
        {//在双向链表的第一个元素上插入
                p=L->next;        //p 指向首元结点
                s = (DuLNode*)malloc(sizeof(DuLNode)); //生成新结点 s
                s->data = e; //将结点 s 数据置为 e
                L->next = s;
                s->prior = L;
                s->next = p;//将结点*s 插入 L 中
                p->prior = s;
                ++length;
        }
        else    if (i == length)
                {//在双向链表的最后一个元素上插入
                        p=L;   //p 指向头结点
                        s =   (DuLNode*)malloc(sizeof(DuLNode)); //生成新结点 s
                        s->data = e; //将结点 s 数据置为 e
```

```
            while (p->next)
                    p = p->next;//将 p 指向双向链表结尾
            p->next = s;
            s->prior = p;//将结点*s 插入到 p 的后面，插入到 L 中
            s->next = NULL;
            ++length;
        }
        else
        {
            p = GetElemP_DuL(L, i);    //获取 i 的位置
            if(!p)
                    return 0;
            s =    (DuLNode*)malloc(sizeof(DuLNode));//生成新结点
            s->data = e; //将结点 s 数据域置为 e
            s->prior = p->prior; //将结点 s 插入第 i 个位置上
            p->prior->next = s;
            s->next = p;
            p->prior = s;
            ++length;    //长度加 1
        }
        return 1;
}
 // 双向链表的删除
int ListDelete_DuL(DuLinkList &L, int i)
{    //删除带头结点的双向链表 L 中第 i 个位置的元素
    DuLinkList p;
    if (!(p = GetElemP_DuL(L, i))) //在 L 中确定第 i 个元素的位置指针 p
            return 0; //p 为 NULL 时，第 i 个元素不存在
    if (p->next!=NULL)
    {
        p->prior->next = p->next; //修改被删结点的前驱结点的后继指针
        p->next->prior = p->prior; //修改被删结点的后继结点的前驱指针
    }
    else
            p->prior->next = NULL; //删除双向链表的最后一个元素
    free(p);    // 释放 p 结点
    --length;    //长度减 1
    return 1;
}
//双向链表的输出
void PrintLinklist_Dub(DuLinkList &L)
{
    DuLinkList p=L->next;    //p 指向首元结点
    while(p)    //如果 p 存在，输出其数据
    {
        printf("%d    ",p->data);
        p=p->next; //p 指向下一个结点
    }
    printf("\n");
}
```

054

```
void main()
{
    int n,i,e;
    DuLinkList L;
    printf("请输入建立双向链表的结点数 N:");
    scanf("%d",&n);
    L= CreateDuList_L(n);
    printf("建立的双向链表为:");
    PrintLinklist_Dub(L);
    printf("请输入插入结点的位置 i 和插入的元素 e：");
    scanf("%d%d",&i,&e);
    if(ListInsert_DuL(L, i, e))
    {
        printf("插入 e 后的链表为：");
        PrintLinklist_Dub(L);
    }
    else
        printf("插入失败\n");
    printf("请输入删除的位置 i：");
    scanf("%d",&i);
    if(ListDelete_DuL(L,i))
    {
        printf("删除第%d 个结点后的链表为：",i);
        PrintLinklist_Dub(L);
    }
    else
        printf("删除失败\n");
}
```

【程序测试及结果分析】

1. 程序运行结果如图 2.12 所示，根据运行提示输入数据建立双向链表，并完成其插入删除操作。

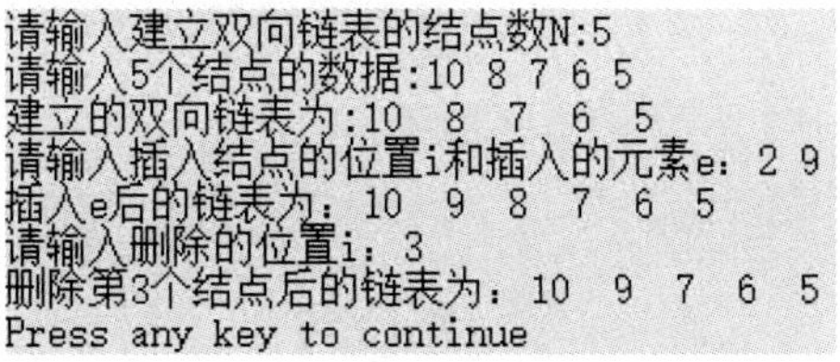

请输入建立双向链表的结点数N:5
请输入5个结点的数据:10 8 7 6 5
建立的双向链表为:10 8 7 6 5
请输入插入结点的位置i和插入的元素e：2 9
插入e后的链表为：10 9 8 7 6 5
请输入删除的位置i：3
删除第3个结点后的链表为：10 9 7 6 5
Press any key to continue

图 2.12　双向链表的插入删除运行结果

2. 结果分析：程序结果正确，完成了插入删除操作。

第 3 章

栈和队列

通过本章学习与实践，掌握栈和队列的特点，能利用顺序存储结构和链式存储结构存储栈和队列，并熟悉在此存储结构上的所有操作。

3.1 预备知识

3.1.1 栈

1. 栈（stack）的定义

栈：限定仅在表尾进行插入和删除操作的线性表。

空栈：不含任何数据元素的栈。

允许插入和删除的一端称为栈顶，另一端称为栈底。

$(a_1, a_2, a_3, \cdots, a_n)$

   栈底   栈顶

2. 栈的基本操作

（1）插入（进栈、入栈）

（2）删除（出栈、退栈）

（3）测试堆栈是否为空

（4）测试堆栈是否已满

（5）检索当前栈顶元素

3. 栈的基本运算

（1）初始化栈 initstack(S)：将栈 S 置为一个空栈(不含任何元素)。

（2）求栈长操作 getlen(S)：求栈中元素的个数。

（3）取栈顶元素 gettop(S,x)：取栈 S 中栈顶元素 x。

（4）入栈 push(S,x)：将元素 x 插入到栈 S 中，也称为 "入栈"、"插入"、"压入"。

（5）出栈 pop(S,x)：删除栈 S 中的栈顶元素，赋给 x。也称为"退栈"、"删除"、"弹出"。

（6）判栈空 emptystack (S)：判断栈 S 是否为空，若为空，返回值为 true，否则返回值为 false。

（7）输出栈操作 list(S)：依次输出栈 S 中所有元素。

3.1.2 队　列

1. 队列的定义

队列：只允许在一端进行插入操作，而另一端进行删除操作的线性表。

空队列：不含任何数据元素的队列。

允许插入（也称入队、进队）的一端称为队尾，允许删除（也称出队）的一端称为队头。

$(a_1,\ a_2,\ a_3,\ \cdots,\ a_n)$

队头　　　　队尾

队列的操作特性：先进先出。

2. 队列的基本运算

（1）初始化队列 initqueue(Q)：将队列 Q 设置成一个空队列。

（2）求队列长度 getlen(Q)：返回队列的元素个数。

（3）取队头元素 gettop(Q, e)：得到队列 Q 的队头元素之值，并用 e 返回其值。

（4）入队列 enqueue(Q,x)：将元素 x 插入到队尾中，也称"进队"、"插入"。

（5）出队列 dequeue(Q,e)：将队列 Q 的队头元素删除，并用 e 返回其值，也称"退队"、"删除"。

（6）判队空 emptyqueue(Q)：判断队列 Q 是否为空，若为空返回 1，否则返回 0。

（7）输出队列 list(Q)：依次输出从队头到队尾的所有元素。

3.2 实验一 顺序栈的基本运算

3.2.1 预备知识

1. 顺序栈的基本概念

栈是运算受限的线性表，线性表的存储结构对栈也适用。

栈的顺序存储结构简称为顺序栈，它是运算受限的顺序表，即用一组连续的存储单元（数组）依次存放栈中的每个数据元素。栈底位置是固定不变的，所以可以将栈底位置设置在数组的两端的任何一个端点。

约定：用下标变量记录栈顶的位置，栈顶指针始终指向栈顶元素的上一个单元，用 top（栈顶指针）表示。用 base（栈底指针）记录栈底位置，为栈空间的起始位置。

2. 顺序栈的存储表示

```
#define INITSIZE   100      //栈的存储空间初始分配量
typedef int ElemType;
typedef struct
{
    int    top;                      //栈顶指针
    ElemType   *base;           //栈底指针，存放空间起始地址
    int    stacksize;               //当前栈空间的长度
}sqstack;
```

在顺序栈中有"上溢"和"下溢"的概念。

设 S 是 sqstack 类型的变量。若栈底位置在向量的低端，即 S.base[0]是栈底元素，那么栈顶指针 S.top 是正向增加的，即进栈时需将 S.top 加 1，退栈时需将 S.top 减 1。

S.top == 0 时表示空栈，S.top == stacksize 表示栈满。

当栈满时再做进栈运算必定产生空间溢出，简称"上溢"；

当栈空时再做退栈运算也将产生溢出，简称"下溢"。

上溢是一种出错状态，应该设法避免之；下溢则可能是正常现象。

3. 顺序栈上的基本操作实现

（1）初始化栈 S（创建一个空栈 S）

```
void initstack(sqstack *S)
{
    S->base=(ElemType *)malloc(INITSIZE*sizeof(ElemType));
    S->top=0;              /*空栈标志*/
    S->stacksize = INITSIZE;
}
```

（2）获取栈顶元素

```
int   gettop(sqstack S,ElemType *e)
{
    if ( S.top==0 )            /* 栈空 */
    {
        printf（"Stack is empty!\n"）;
        return 0;
    }
    *e= S.base[top-1];
    return 1;
}
```

（3）进栈（在栈顶插入新的元素 x）

```
int   push ( sqstack *S , ElemType x )
{
    if (S->top == S->stacksize)
    {
        S->base=(ElemType *)realloc(S->base, (S->stacksize+1)*sizeof(ElemType));
        if(!S->base)
            exit(-1);
        S->stacksize++;
    }
    S->base[S->top++] = x;
    return 1 ;
}
```

（4）出栈（取出 S 栈顶的元素值交给 e）

```
int pop(sqstack *S, ElemType *e)
{
    if (S.top==0)
    {
        printf（"Stack is empty"）;
        return 0;
    }
    *e=S->base [-- S->top ] ;
    return 1;
}
```

（5）判断栈 S 是否为空

```
int stackempty(sqstack S)
{
    if (S.top==0)
        return   1 ;
```

```
            else
                  return   0 ;
}
```

3.2.2　实验目的

1. 熟练掌握顺序栈存储结构上的各种操作。
2. 实现栈的初始化、进栈、出栈、判断栈空等基本算法。

3.2.3　实验内容

建立一个顺序栈，并输入若干个元素进栈，显示出栈结果。

3.2.4　算法实现

【数据结构】

```
typedef struct
{
    int   top;                      //栈顶指针
    ElemType   *base;               //栈底指针，存放空间起始地址
    int   stacksize;                //当前栈空间的长度
}sqstack;
```

【代码实现】

```
//3-1 顺序栈的基本运算
#include "stdio.h"
#include "stdlib.h"

#define INITSIZE   50           //栈的存储空间初始分配量
typedef int ElemType;
typedef struct
{
    int   top;                      //栈顶指针
    ElemType   *base;               //栈底指针，存放空间起始地址
    int   stacksize;                //当前栈空间的长度
}sqstack;

// 初始化栈 S     (创建一个空栈 S)
void initstack(sqstack *S)
{
    S->base=(ElemType *)malloc(INITSIZE*sizeof(ElemType));
    S->top=0;              /*空栈标志*/
    S->stacksize = INITSIZE;
}

//进栈
int    push ( sqstack *S , ElemType x )
{
    if (S->top == S->stacksize)//判断栈是否满
    {
        S->base=(ElemType *)realloc(S->base,(S->stacksize+1)*sizeof(ElemType));
        //栈满追加一个存储空间
        if(!S->base)
                exit(-1);
        S->stacksize++;
```

```
        }
        S->base[S->top++] = x;      //x 进栈
        return 1 ;
}


//出栈
int pop(sqstack *S, ElemType *e)
{
        if (S->top==0)    //判断栈是否为空
        {
                printf("Stack is empty");
                return 0;
        }
        *e=S->base [-- S->top ] ; //栈顶元素存储在*e 中
        printf("%3d",*e);
        return 1;
}


int stackempty(sqstack S)
{
        if (S.top==0)
                return    1 ; //栈空返回 1
        else
                return    0 ;
}


void main()
{
        sqstack S;
        int i,n,x,e;
        initstack(&S);
        printf("请输入进栈的元素个数：");
        scanf("%d",&n);
        printf("请输入进栈的元素,以回车结束：");
        for(i=1;i<=n;i++)
        {
                scanf("%d",&x);
                push(&S,x);
        }
        printf("元素出栈结果：");
        while(!stackempty(S))
                pop(&S,&e);
        printf("\n");
}
```

【程序测试及结果分析】

1. 程序测试结果如图 3.1 所示，按照程序提示输入进栈元素个数及进栈的元素，自动打印出元素出栈结果。

请输入进栈的元素个数：5
请输入进栈的元素，以回车结束：10 9 8 7 6
元素出栈结果： 6 7 8 9 10
Press any key to continue

图 3.1　顺序栈的基本运算运行结果

2. 结果分析：结果显示，栈顶元素先出栈。

3.3　实验二　链栈的基本运算

3.3.1　预备知识

1. 链栈的基本概念

当栈中元素的数目变化范围较大或不清楚栈元素的数目时，应该考虑使用链式存储结构。

栈的链式存储结构称为"链栈"，是运算受限的单链表，插入和删除操作仅限制在表头位置上进行。由于只能在链表头部进行操作，故链表没有必要像单链表那样附加头结点。栈顶指针就是链表的头指针。

2. 链栈的存储表示

由于栈的插入删除操作只能在一端进行，而对于单链表来说，在首端插入删除节点要比尾端相对地容易一些，所以，我们将单链表的首端作为栈顶端，即将单链表的头指针作为栈顶指针。

栈的链式存储结构在 C 语言中可用下列类型定义实现：

```
typedef   int   ElemType;
typedef struct node                    //栈的结点类型
{
    ElemType    data;                  //栈的数据元素类型
    struct node *next;             //指向后继结点的指针
}linkstack;
typedef struct stack
{
    linkstack   *top;          /*链栈的头指针*/
}STACK;
```

3. 链栈的部分基本操作实现

（1）初始化栈 S（创建一个不带头结点的空栈 S）

```
void   initstack(STACK   *S)
{
    S->top=NULL;
}
```

（2）入栈

```
void push ( STACK *S , ElemType   e )
{
    linkstack *p;
    p=( linkstack *) malloc( sizeof ( linkstack ) );
    if ( !p )
        exit(0) ;
    p->data = e;
    p->next = S->top;
    S->top = p;
}
```

（3）出栈

```
void pop(STACK *S, ElemType *e)
{
    if ( S->top==NULL )
    {
        printf("Stack is empty");
        exit(0);
    }
    else
    {
        *e=S->top->data;
        p=S->top;
        S->top= p -> next;
        free(p);
    }
}
```

（4）获取栈顶元素

```
void gettop(STACK S , ElemType *e)
{
    if ( S.top==NULL )
    {
        printf("Stack is empty");
        exit(0);
    }
    else
        *e=S.top->data ;
}
```

（5）判断栈 S 是否空

```
int stackempty(STACK S)
{
    if (S.top==NULL)
        return 1;
    else    return 0;
}
```

3.3.2 实验目的

1. 熟练掌握链式存储结构上的各种操作。

2. 实现链栈的初始化、进栈、出栈、判断栈空等基本算法。

3.3.3 实验内容

建立一个链栈，并输入若干个元素进栈，显示出栈结果。

3.3.4 算法实现

【数据结构】

```
typedef struct node                 //栈的结点类型
{
    ElemType    data;               //栈的数据元素类型
    struct node *next;              //指向后继结点的指针
}linkstack;

typedef struct stack
{
```

```
        linkstack    *top;        /*链栈的头指针*/
}STACK;
```

【代码实现】

```
//3-2 链栈的基本运算
#include "stdio.h"
#include "stdlib.h"
typedef   int   ElemType;
typedef struct node                    //栈的结点类型
{
        ElemType     data;              //栈的数据元素类型
        struct node *next;         //指向后继结点的指针
}linkstack;
typedef struct stack
{
        linkstack    *top;        /*链栈的头指针*/
}STACK;
//(创建一个不带头结点的空栈 S )
void   initstack(STACK   *S)
{
        S->top=NULL;
}
//进栈操作
void push ( STACK *S , ElemType   e )
{
        linkstack *p;
        p=( linkstack *) malloc( sizeof ( linkstack ) ); //开辟栈空间
        if ( !p )
                exit(0) ;
        p->data = e; //写入数据
        p->next = S->top; //指向栈顶
        S->top = p; //栈顶指针指向 p
}
//出栈
void pop(STACK *S, ElemType *e)
{
        linkstack *p;
        if ( S->top==NULL ) //如果栈为空
        {
                printf("Stack is empty");
                        exit(0);
        }
        else
        {
                *e=S->top->data;    //   *e 接收栈顶元素
                p=S->top;
                S->top= p -> next; //改变栈顶指针
                free(p);
        }
}
//判断栈是否为空
```

```
int stackempty(STACK S)
{
        if (S.top==NULL)
                return 1;
        else
                return 0;
}
main()
{
        STACK S;
        int i,n,x,e;
        initstack(&S);
        printf("请输入进栈的元素个数：");
        scanf("%d",&n);
        printf("请输入进栈的元素,以回车结束：");
        for(i=1;i<=n;i++)
        {
                scanf("%d",&x);
                push(&S,x);
        }
        printf("元素出栈结果：");
        while(!stackempty(S))
        {
                pop(&S,&e);
                printf("%4d",e);
        }
        printf("\n");
}
```

【程序测试及结果分析】

1. 程序运行结果如图 3.2 所示。输入进栈的元素个数及进栈的元素，自动打印出元素出栈结果。

```
请输入进栈的元素个数：5
请输入进栈的元素,以回车结束：10 9 8 7 6
元素出栈结果：   6   7   8   9  10
Press any key to continue
```

图 3.2　链栈的基本运算

2. 结果分析：结果正确，后进的先出。

3.4　实验三　进制转换

3.4.1　预备知识

十进制数 N 和其他 d 进制数的转换是计算机实现计算的基本问题，其解决方法很多，其中一个简单算法基于下列原理：

$$N=(N\ \ div\ d\ )\times d+N\ mod\ d$$

其中，div 为整除运算，mod 为求余运算

例：输入任意一个非负十进制整数，输出与其等值的八进制数。

例如：$(1348)_{10}=(2504)_8$，其运算过程如下：

064

N	N div 8	N mod 8
1348	168	4
168	21	0
21	2	5
2	0	2

算法思想：由于计算过程是从低位到高位顺序产生八进制数的各个数位，而输出却从高位到低位进行，恰好和计算过程相反。因此，若将计算过程中得到的八进制数的各位顺序进栈，则按出栈序列输出的即为对应的八进制数。

3.4.2 实验目的

1. 熟练掌握栈结构及其特点。
2. 能够熟悉栈的基本运算，特别注意栈满和栈空的判断条件及描述方法。

3.4.3 实验内容

利用栈的基本操作实现将任意一个十进制整数转化为 R 进制整数。

3.4.4 算法实现

【数据结构】

```
typedef struct
{
    int    top;
    ElemType    *base;
    int    stacksize;
}sqstack;
```

【算法描述】

1. 定义栈的顺序存取结构。
2. 分别定义栈的基本操作（初始化栈、判栈为空、出栈、入栈等）。
3. 定义一个函数用来实现进制转换，算法如下：

（1）十进制整数 X 和 R 作为形参，初始化栈。

（2）只要 X 不为 0，重复做下列动作：

　　将 X % R 入栈

　　X=X/R

（3）只要栈不为空重复做下列动作：

栈顶出栈

输出栈顶元素

【代码实现】

```
//3-3 进制转换
#include<stdio.h>
#include<stdlib.h>
#include<malloc.h>
#define INITSIZE    100
typedef int ElemType;
typedef struct
{
    int    top;
    ElemType    *base;
    int    stacksize;
```

```c
}sqstack;

void initstack(sqstack *S) //栈的初始化
{
    S->base=(ElemType *)malloc(INITSIZE*sizeof(ElemType));
    if(!S->base)
        exit (-1);
    S->top=0;
    S->stacksize = INITSIZE;
}
void    push ( sqstack *S , ElemType x ) //进栈
{
    if (S->top == S->stacksize)
    {
        S->base=(ElemType *)realloc(S->base, (S->stacksize+1)*sizeof(ElemType));
        if(!S->base)
            exit(-1);
        S->stacksize++;
    }
    S->base[S->top++] = x; //x 进栈
}
int    pop(sqstack *S) //出栈
{
    int j;
    if (S->top==0)
    {
        printf("Stack is empty");
        return 0;
    }
    j=S->base [--S->top ];//将栈顶元素存储在 j 中
    return j; //返回 j
}
void main()
{
    sqstack L;
    initstack(&L);
    int n,m,k=0,a[100];
    printf("请输入一个十进制整数:");
    scanf("%d",&n);
    printf("请输入要转化的进制:");
    scanf("%d",&m);
    while(n!=0)
    {
        push(&L,n%m);
        n=n/m;
        k++;
    }
    for(int j=0;j<k;j++)
    {
        a[j]=pop(&L);
    }
```

```
            printf("转化的%d 进制数为:",m);
            if(m==16)
            {//如果是 16 进制则进行如下转换
                for(int l=0;l<k;l++)
                {
                        if(a[l]==10){printf("A");}
                        else if(a[l]==11){printf("B");}
                        else if(a[l]==12){printf("C");}
                        else if(a[l]==13){printf("D");}
                        else if(a[l]==14){printf("E");}
                        else if(a[l]==15){printf("F");}
                        else { printf("%d",a[l]); }
                }
            }
            else //如果不是 16 进制，则直接进行输出
            {
                for(int j=0;j<k;j++)
                {
                        printf("%d ",a[j]);
                }
            }
            printf("\n");
}
```

【程序测试及结果分析】

1. 程序运行结果如图 3.3 所示，输入一个十进制数及转换的进制，自动输出转换结果。

请输入一个十进制整数:123
请输入要转化的进制:16
转化的16进制数为:7B
Press any key to continue

图 3.3　进制转换程序运行结果

2. 结果分析：测试结果为十进制转换成 16 进制，大家也可以转换成其他进制进行测试。

3.5　实验四 括号匹配检测

3.5.1　预备知识

算术表达式中各种括号的使用规则为：出现左括号，必有相应的右括号与之匹配，并且每对括号之间可以嵌套，但不能出现交叉情况。

可以利用一个栈结构保存每个出现的左括号，当遇到右括号时，从栈中弹出左括号，检验匹配情况。在检验过程中，若遇到以下几种情况之一，就可以得出括号不匹配的结论。

1. 当遇到某一个右括号时，栈已空，说明到目前为止，右括号多于左括号；

2. 从栈中弹出的左括号与当前检验的右括号类型不同，说明出现了括号交叉情况；

3. 算术表达式输入完毕，但栈中还有没有匹配的左括号，说明左括号多于右括号。

3.5.2　实验目的

熟悉栈的两种结构并能灵活应用。

3.5.3　实验内容

假设在一个算术表达式中，可以包含三种括号：圆括号"（"和"）"，方括号"["和"]"和花

括号"{"和"}"，并且这三种括号可以按任意的次序嵌套使用。比如，[{ } [ ]] [ ] ( )。现在需要设计一个算法，用来检验在输入的算术表达式中所使用括号的合法性。

3.5.4 算法实现

【数据结构】

```
typedef struct node                    //栈的结点类型
{
    ElemType    data;                  //栈的数据元素类型
    struct node *next;             //指向后继结点的指针
}linkstack;

typedef struct stack
{
    linkstack    *top;      /*链栈的头指针*/
}STACK;
```

【算法描述】

1. 初始化一个空栈 S。

2. 读入一个字符 ch，如果字符 ch 不是回车符，则执行第 3 步，否则执行第 4 步。

3. 如果 ch 是"["、"("或者"{"，则将其压入栈。

如果 ch 是")"，判断栈是否为空，如果栈为空，则返回 0，否则弹出栈顶元素，如果栈顶元素不是"("，则返回 0。

如果 ch 是"]"，判断栈是否为空，如果栈为空，则返回 0，否则弹出栈顶元素，如果栈顶元素不是"["，则返回 0。

如果 ch 是"}"，判断栈是否为空，如果栈为空，则返回 0，否则弹出栈顶元素，如果栈顶元素不是"{"，则返回 0。

如果 ch 是其他字符，则返回第 2 步执行。

4. 判断栈是否为空，如果栈空，则括号匹配，返回 1；否则返回 0。

【代码实现】

```
//3-4 括号匹配检测算法
#include "stdio.h"
#include "stdlib.h"
typedef  char  ElemType;
typedef struct node        //栈的结点类型
{
    ElemType    data;          //栈的数据元素类型
    struct node *next;      //指向后继结点的指针
}linkstack;
typedef struct stack
{
    linkstack    *top;      /*链栈的头指针*/
}STACK;

//  (创建一个不带头结点的空栈 S )
void  initstack(STACK   *S)
{
    S->top=NULL;
}
```

```c
//进栈操作
void push ( STACK *S , ElemType    e )
{
    linkstack *p;
    p=( linkstack *) malloc( sizeof ( linkstack ) ); //开辟栈空间
    if ( !p )
        exit(0) ;
    p->data = e; //写入数据
    p->next = S->top; //指向栈顶
    S->top = p; //栈顶指针指向 p
}


//出栈
void pop(STACK *S, ElemType *e)
{
    linkstack *p;
    if ( S->top==NULL ) //如果栈为空
    {
        printf("Stack is empty");
        exit(0);
    }
    else
    {
        *e=S->top->data;   //   *e 接收栈顶元素
        p=S->top;
        S->top= p -> next; //改变栈顶指针
        free(p);
    }
}


//判断栈是否为空
int stackempty(STACK S)
{
    if (S.top==NULL) return 1;
    else return    0;
}

int Check()
{
    STACK S;            //定义栈结构 S
    char ch;
    initstack(&S);        //初始化栈 S
    while ((ch=getchar())!='\n') //以字符序列的形式输入表达式,如果输入字符不是回车符
        if ( ch=='(' || ch== '[' || ch== '{' )
            push(&S,ch); //遇左括号入栈
        else   if( ch== ')' )   //在遇到右括号时，分别检测匹配情况
                if (stackempty ( S ))
                    return 0;
                else
                {
                    pop(&S,&ch);
```

```
                        if ( ch!= '('   )
                            return 0;
                    }
            else   if (ch== ']')
                        if ( stackempty(S) )
                            return 0;
                        else
                        {
                            pop( &S,&ch) ;
                            if ( ch!= '[' )
                                return 0;
                        }
            else   if ( ch== '}' )
                        if (stackempty(S) )
                            return 0;
                        else
                        {
                            pop(&S,&ch);
                            if ( ch!= '{' )
                                return 0;
                        }
                        else
                            continue;
    if ( stackempty(S) )
            return 1;   //如果栈空，则括号匹配，返回 1
    else
            return 0; //如果栈不空，则括号不匹配，返回 0
}

void main()
{
    int i;
    printf("请在英文状态下输入表达式并以回车结束：\n");
    i=Check();
    if(i)
        printf("括号匹配\n"); //i=1 括号匹配
    else
        printf("括号不匹配\n");
}
```

【程序测试及结果分析】

1. 程序测试时输入正确的表达式测试，测试结果如图 3.4 所示。

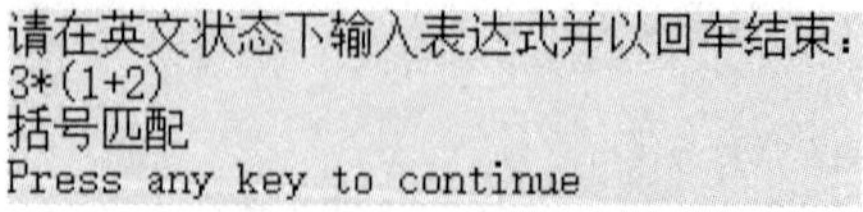

请在英文状态下输入表达式并以回车结束：
3*(1+2)
括号匹配
Press any key to continue

图 3.4　输入正确表达式测试结果

结果表明：括号匹配

2. 当输入错误的表达式时，测试结果如图 3.5 所示。

请在英文状态下输入表达式并以回车结束：
2*(1+2))
括号不匹配
Press any key to continue

图 3.5　输入错误的表达式测试结果

结果表明：括号不匹配。

注意：一定要在英文输入状态下输入，否则会得到错误的结果。

3.6　实验五　表达式求值

3.6.1　预备知识

任何一个表达式都是由操作数(operand)、运算符(operator)和界限符(delimiter)组成 。其中：

操作数（operand）：常数或变量。

运算符（operator）：算术运算符：+、-、*、/等；关系运算符：<、≤、=、≠、≥、>；逻辑运算符：AND、OR、NOT。

界限符（delimiter):左右括号、表达式结束符 # 等。

为了叙述简洁，在此仅限于讨论简单算术表达式的求值,可将表达式定义为：

表达式= 操作数　运算符　操作数

操作数= 简单变量 ｜ 表达式

简单变量= 标识符 ｜ 无符号整数

对于一个表达式，例如：3*(7 – 2)，要正确求值，首先了解算术四则运算的规则：

◇先乘除，后加减

◇先括号内，后括号外

◇一切算符同级按左结合律

◇空格为不允许的

把运算符和界限符统称为算符，它们构成的集合命名为 OP，根据上述运算规则，在运算的每一步中，任意两个相继出现的算符θ1 和θ2 之间的优先关系至多是下面三种关系之一：

θ1<θ2：θ1 的优先权低于θ2。

θ1=θ2：θ1 的优先权等于θ2。

θ1>θ2：θ1 的优先权高于θ2。

表 3.1 定义了算符之间的这种优先关系。

表 3.1　算符优先关系表

θ_1 \ θ_2	+	–	*	/	(	)	#
+	>	>	<	<	<	>	>
–	>	>	<	<	<	>	>
*	>	>	>	>	<	>	>
/	>	>	>	>	<	>	>
(	<	<	<	<	<	=	
)	>	>	>	>		>	>
#	<	<	<	<	<		=

表中的 "#" 是表达式的结束符，为了算法简洁，在表达式的最左边也虚设一个 "#" 构成整个

表达式的一对括号。

表中的"（"="）"表示当左右括号相遇时，括号内的运算已经完成。同理，"#"="#"表示整个表达式求值完毕。"）"与"（"、"#"与"）"以及"（"与"#"之间无优先关系。一旦遇到这种情况则认为是语法错。

3.6.2 实验目的

熟悉栈的两种结构并能灵活应用。

3.6.3 实验内容

输入一个算数表达式，通过栈结构的使用，最终得到正确的表达式的值。

3.6.4 算法实现

【数据结构】

```
typedef struct SqStack
{
    char *top;
    char *base;
    int stacksize;
}SqStack;
```

【算法思想】

1. 初始化运算符栈 OPTR 和操作数栈 OPND，将表达式起始符"#"压入 OPTR 栈。

2. 读入字符 c，如果 c 不等于'#'或者 OPTR 的栈顶元素不是'#'时，循环执行以下操作：

（1）如果 c 不是运算符，则压入 OPND 栈，读入下一字符 c；

（2）如果 c 是运算符，则运算符栈 OPTR 栈顶元素和 c 比较，做如下处理：

➢ 栈顶元素<运算符 c：压入 OPTR 栈，读入下一字符 c；

➢ 栈顶元素 =运算符 c 且不为'#'：OPTR 栈顶元素是"（"且 c 是"）"，此时弹出 OPTR 栈顶的"（"，读入下一字符；

➢ 栈顶元素 >运算符：弹出 OPTR 栈顶运算符，从 OPTN 弹出两个操作数，进行运算，将结果压入 OPND 栈。

3. 返回操作数 OPND 栈栈顶元素，此为最终运算结果。

【代码实现】

```
//3-5 表达式求值
#include <stdio.h>
#include <string.h>
#include <stdlib.h>
#define STACK_INIT_SIZE 100
#define STACKINCREMENT 10
#define ERROR 0
#define OK 1
#define MAX 100
typedef int SElemType;
typedef struct SqStack
{
    char *top;
    char *base;
    int stacksize;
}SqStack;
```

```c
int InitStack(SqStack *S)
{
    (*S).base=(char*)malloc(STACK_INIT_SIZE*sizeof(char));
    if(!(*S).base)
        return ERROR;
    (*S).top=(*S).base;
    (*S).stacksize=STACK_INIT_SIZE;
    return OK;
}
int Push(SqStack *S,char e)
{
    if(((*S).base-(*S).top)>(*S).stacksize)
    {
        (*S).base=(char*)realloc((*S).base,(STACKINCREMENT+(*S).stacksize)*sizeof(char));
        (*S).top=(*S).base+(*S).stacksize;
        (*S).stacksize+=STACKINCREMENT;
    }
    if(!(*S).base)
    {
        printf("FAILURE to realloc the Memory units!\n");
        exit(ERROR);
    }
    *((*S).top)++=e;
    return OK;
}
int Pop(SqStack *S,char *e)
{
    if((*S).top==(*S).base)
    {
        printf("下溢！ ");
        exit(ERROR);
    }
    else
        *e=*--(*S).top;
    return OK;
}
char GetTop(SqStack S)
{
    if(S.base==S.top)
        return ERROR;
    return *(S.top-1);
}

int In(char c)    //判断 C 是否是运算符
{
    switch(c)
    {
        case'+':
        case'-':
        case'*':
        case'/':
```

```
                case'(':
                case')':
                case'#':
                        return OK;
                        break;
                default:
                        return ERROR;
        }
}

char Precede(char t1,char t2)    // 判断两个运算符的优先级
{
        char f;
        switch(t2)
        {
                case '+':
                case '-':
                        if(t1=='('||t1=='#')
                                f='<';
                        else
                                f='>';
                        break;
                case '*':
                case '/':
                        if(t1=='*'||t1=='/'||t1==')')
                                f='>';
                        else
                                f='<';
                        break;
                case '(':
                        if(t1==')')
                        {
                                printf("ERROR1\n");
                                exit(ERROR);
                        }
                        else
                                f='<';
                        break;
                case ')':
                        switch(t1)
                        {
                                case '(':
                                        f='=';
                                        break;
                                case '#':
                                        printf("ERROR2\n");
                                        exit(ERROR);
                                default:
                                        f='>';
                        }
                        break;
```

```
                case '#':
                    switch(t1)
                    {
                        case '#':
                            f='=';
                            break;
                        case '(':
                            printf("ERROR3\n");
                            exit(ERROR);
                        default:
                            f='>';
                    }
            }
        return f;
}

int operate(int a,char theta,int b) //计算表达式的值
{
    int c;
    switch(theta)
    {
        case'+':
            c=a+b;
            break;
        case'-':c=a-b;
            break;
        case'*':c=a*b;
            break;
        case'/':c=a/b;
            break;
    }
    return c;
}

char EvaluateExpression()
{//算术表达是求值的算符优先算法。设 OPTR 和 OPND 分别为运算符栈和运算数栈,
 //OP 为运算符集合
    char x,a,b;
    char c;
    int e;
    int i,j;
    SqStack OPTR,OPND;
    InitStack(&OPTR);Push(&OPTR,'#'); //初始化运算符栈，并将#进栈
    InitStack(&OPND); //初始化运算数栈
    printf("请输入算术表达式，以#结束（操作数和计算结果均只能是 0～9）：如 1+2-8/2#\n");
    c=getchar();    //判断 C 是否是操作符
    while(c!='#'||GetTop(OPTR)!='#')
    {
        if(!In(c))
        {
            Push(&OPND,c);
```

```
                            c=getchar();
            }        //不是运算符则进栈
            else
            {
                    switch(Precede(GetTop(OPTR),c)) //如果是运算符则和运算符栈顶元素比较
                    {
                        case '<'://栈顶元素优先级低
                                Push(&OPTR,c);
                                c=getchar();    //压入 OPTR 栈,接收下一个字符
                                break;
                        case'='://弹出括号并接收下一个字符
                                Pop(&OPTR,&x);
                                c=getchar();
                                break;
                        case'>'://退栈并将运算结果入栈
                                Pop(&OPTR,&x); // 弹出运算符
                                Pop(&OPND,&a);
                                Pop(&OPND,&b);   //弹出两个操作数
                                i=atoi(&a);
                                j=atoi(&b);    //将 a 和 b 转换成整型
                                e=operate(j,x,i); //计算出运算结果
                                itoa(e,&a,10);//将运算结果转换成字符型
                                Push(&OPND,a);    // 运算结果进栈
                                break;
                    }
            }
    }
    return GetTop(OPND); //  返回操作数栈栈顶元素,此为最终运算结果
}


int main()
{
    char a;
    a=EvaluateExpression(); //表达式计算,用 a 接收运算结果
    printf("上面表达式计算结果为: \n");
    printf("%c",a);
    printf("\n");
}
```

【程序测试及结果分析】

1. 程序运行结果如图 3.6 所示,按照程序提示输入算数表达式,以'#'结束,得到计算结果。

```
请输入算术表达式,以#结束(操作数和计算结果均只能是0~9): 如1+2-8/2#
4/2+2*3-1#
上面表达式计算结果为:
7
Press any key to continue
```

图 3.6　表达式求值运行结果

2. 结果分析:运算结果正确。程序中因为采用函数 getchar()接收输入的字符,每输入一个数字都认为是一个操作数,所以,只能输入 0 ~ 9 的数字。

3.7 实验六 栈与递归

3.7.1 预备知识

1. 递归的定义

若一个对象部分地包含它自己，或用它自己给自己定义，则称这个对象是递归的；若一个过程直接地或间接地调用自己，则称这个过程是递归的过程。

2. 用分治法求解递归问题

分治法：对于一个较为复杂的问题，能够分解成几个相对简单的且解法相同或类似的子问题来求解。

必备的三个条件：（1）能将一个问题转变成一个新问题，而新问题与原问题的解法相同或类同，不同的仅是处理的对象，且这些处理对象是变化有规律的。（2）可以通过上述转化而使问题简化。（3）必须有一个明确的递归出口，或称递归的边界。

3. 栈与递归的实现

在高级语言编制的程序中，调用函数与被调用函数之间的链接和信息交换必须通过栈进行。在一个函数的运行期间调用另一个函数时，运行被调用函数之前，系统需先完成三件事：

（1）将所有的实际参数、返回地址等信息传递给被调用函数保存；

（2）为被调用函数的局部变量分配存储区；

（3）将控制转移到被调用函数的入口。

从被调用函数返回调用函数之前，应该完成：

（1）保存被调用函数的计算结果；

（2）释放被调函数的数据区；

（3）依照被调函数保存的返回地址将控制转移到调用函数。

多个函数嵌套调用的规则是：后调用先返回。此时的内存管理实行"栈式管理"。

分治法求解递归问题算法的一般形式：

```
void    p(参数表)
{
    if（递归结束条件）可直接求解步骤； -----基本项
    else   p（较小的参数）； ------归纳项
}
```

例如：递归函数求 n! 的递归函数

```
long Fact ( long n )
{
    if ( n == 0)
        return 1;    //基本项
    else
        return   n * Fact (n-1); //归纳项
}
```

3.7.2 实验目的

熟练使用递归解决实际问题，了解栈在递归中的作用。

3.7.3 实验内容

利用递归算法，实现汉诺（Hanoi）塔。

汉诺塔问题描述：

设：有 X、Y、Z 三个塔座，在 X 塔上插有 n 个直径各不相同的圆盘，各圆盘按直径从小到大编为 1，2，…，n。

要求：将 X 塔上的 n 个圆盘按下述规则移至 Z 上，并仍按同样顺序叠排。

移动规则：1. 每次只能移动一个圆盘；2. 移动的圆盘可以插在任一塔座上，但是在任一时刻都不能将大盘压在小盘上。

3.7.4 算法实现

【算法描述】

设三根柱子分别为 X，Y，Z，盘子在 X 柱上，要移到 Z 柱上。

1. 当 n=1 时，盘子直接从 X 柱移到 Z 柱上；

2. 当 n>1 时，则

（1）设法将前 n－1 个盘子借助 Z，从 X 移到 Y 柱上，把盘子 n 从 X 移到 Z 柱上；

（2）把 n－1 个盘子从 Y 移到 Z 柱上。

【代码实现】

```
//3-6 栈与递归——汉诺塔程序
#include "stdio.h"
int m = 0;    //m 是全局变量，初值为 0，对搬动计数

void move(char A, int n, char C) // 搬动操作
{
    printf("\n 第%d 步，将编号为%d 的圆盘从第%c 个柱子上移到第%c 个柱子上",++m,n,A,C);
}


//Hanoi 塔问题的递归算法
void Hanoi(int n, char x, char y, char z)
{//将塔座 X 上的 n 个圆盘按规则搬到 Z 上，Y 做辅助塔
    if (n == 1)
        move(x, 1, z); //将编号为 1 的圆盘从 X 移到 Z
    else
    {
        Hanoi(n - 1, x, z, y); //将 X 上编号为 1 至 n-1 的圆盘移到 Y，Z 做辅助塔
        move(x, n, z);//将编号为 n 的圆盘从 X 移到 Z
        Hanoi(n - 1, y, x, z); //将 Y 上编号为 1 至 n-1 的圆盘移到 Z，X 做辅助塔
    }
}

void main()
{
    int n;
    char a, b, c;
    a = '1';
    b = '2';
    c = '3';
    printf("请输入初始第一个柱子上的圆盘个数：");
    scanf("%d",&n);
```

```
    printf("将第一个柱子上的圆盘全部移动到第三个柱子上的过程为：");
    Hanoi(n, a, b, c);
    printf("\n");
}
```

【程序测试及结果分析】

1. 程序测试结果如图 3.7 所示，输入第一个柱子上的圆盘个数，则自动展示出移动到第 3 个柱子上的全部过程。

```
请输入初始第一个柱子上的圆盘个数：3
将第一个柱子上的圆盘全部移动到第三个柱子上的过程为：
第1步，将编号为1的圆盘从第1个柱子上移到第3个柱子上
第2步，将编号为2的圆盘从第1个柱子上移到第2个柱子上
第3步，将编号为1的圆盘从第3个柱子上移到第2个柱子上
第4步，将编号为3的圆盘从第1个柱子上移到第3个柱子上
第5步，将编号为1的圆盘从第2个柱子上移到第1个柱子上
第6步，将编号为2的圆盘从第2个柱子上移到第3个柱子上
第7步，将编号为1的圆盘从第1个柱子上移到第3个柱子上
Press any key to continue
```

图 3.7　汉诺塔程序运行结果

2. 根据测试，检查移动过程，结果完全正确。

3.8　实验七 链队列的基本运算

3.8.1　预备知识

1. 链队列的定义

用链表表示的队列简称为链队列，它是限制仅在表头删除和表尾插入的单链表。显然仅有单链表的头指针不便于在表尾做插入操作，为此再增加一个尾指针，指向链表的最后一个结点，即一个链队列由头指针 front 和尾指针 rear 唯一确定。

在空链队列 q 中头尾指针均指向头结点：即：q.front=q.rear

2. 链队列的存储结构

将链队列的头尾指针封装在一起，其类型 linkqueue 定义为一个结构类型：

```
typedef int ElemType;
typedef  struct  node
{
    ElemType  data;
    struct node  *next;
}qlink;  //链队列的结点的类型
typedef struct
{
    qlink  *front;  //队头指针
    qlink  *rear;   //队尾指针
}linkqueue;  //队列类型
```

3. 链队列的基本运算

（1）初始化操作

```
void initqueue(linkqueue  *LQ)
{
    LQ->front=LQ->rear=(qlink *) malloc(sizeof(qlink));
    if(!LQ->front)
        exit (0);
    LQ->front->next=LQ->rear->next=NULL;  //初始化队头队尾指针
```

}
（2）队列的判空

```
int emptyqueue (linkqueue   LQ)
{
    return(LQ.front->next==NULL&&LQ.rear->next==NULL);
}
```

（3）入队操作

```
void enqueue(linkqueue *LQ, ElemType   x)
{
    qlink *p;
    p=(qlink * )malloc(sizeof(qlink));
    p->data=x;
    p->next=NULL;
    LQ->rear->next=p;
    LQ->rear=p;
}
```

（4）出队操作

```
int   dequeue ( linkqueue *LQ, ElemType *e)
{
    qlink *p;
    if( emptyqueue(LQ)   )
        return 0;
    p=LQ->front->next;
    *e=p->data;
    LQ->front->next=p->next;
    if( LQ->rear == p )
        LQ->rear=LQ->front;
    free(p);
    return OK;
}
```

3.8.2 实验目的

1. 熟练掌握队列链式存储结构上的各种操作。

2. 掌握链式队列的初始化、进队、出队、判空等基本算法。

3.8.3 实验内容

利用链式存储结构存储队列，实现队列的初始化、进队、出队、判空等基本操作。

3.8.4 算法实现

【数据结构】

```
typedef  struct   node
{
    ElemType   data;
    struct node   *next;
}qlink;   //链队列的结点的类型
typedef struct
{
    qlink   *front;    //队头指针
    qlink   *rear;     //队尾指针
}linkqueue;   //队列类型
```

【代码实现】

```
//3-7 链队列的基本操作
#include "stdio.h"
#include "stdlib.h"

typedef int ElemType;
typedef  struct   node
{
       ElemType    data;
       struct node    *next;
}qlink;  //链队列的结点的类型
typedef struct
{
     qlink   *front;    //队头指针
     qlink   *rear;      //队尾指针
}linkqueue;   //队列类型

void initqueue(linkqueue    *LQ)   //队列初始化
{
     LQ->front=LQ->rear=(qlink *) malloc(sizeof(qlink));   //建立头结点
     if(!LQ->front)
           exit (0);
     LQ->front->next=LQ->rear->next=NULL;   //初始化队头队尾指针
}

int emptyqueue (linkqueue    *LQ)//判断队列是否为空
{
     return(LQ->front->next==NULL&&LQ->rear->next==NULL);
}

void enqueue(linkqueue *LQ, ElemType    x) //进队列
{
     qlink *p;
     p=(qlink * )malloc(sizeof(qlink)); //建立一个结点
     p->data=x; //写入数据域
     p->next=NULL; //写入 next 域
     LQ->rear->next=p; //链接到队尾
     LQ->rear=p;
}

int   dequeue ( linkqueue *LQ, ElemType *e) //出队列
{
     qlink *p;
     if( emptyqueue(LQ))
           return 0;   //队列为空，返回 0
     p=LQ->front->next; //p 指向首元结点
     *e=p->data;   //队头的值放在*e 中
     LQ->front->next=p->next; //改变 p 前面结点的 next 指针指向 p 后结点
     if( LQ->rear == p )
           LQ->rear=LQ->front; //如果 p 是最后一个结点，则使 rear 指向 front
```

```
        free(p); //释放 p 结点
        return 1;
    }

    void main()
    {
        linkqueue Q;
        ElemType n,x,i,e;
        initqueue(&Q);
        printf("请输入队列元素个数：\n");
        scanf("%d",&n);
        printf("请输入进队元素：\n");
        for(i=0;i<n;i++)
        {
            scanf("%d",&x);
            enqueue(&Q,x);
        }
        printf("请输入出队元素个数：\n");
        scanf("%d",&n);
        printf("出队元素为：");
        for(i=0;i<n;i++)
        {
            if(dequeue(&Q,&e))
                printf("%4d",e);
            else
                printf(" 队列已空\n");
        }
        printf("\n");
    }
```

【程序测试及结果分析】

1. 程序运行结果如图 3.8 所示。输入队列元素个数、进队元素和出队个数，自动显示出队的元素。

2. 结果分析：由出队元素可以看出，队列是先进先出，与栈完全不同。

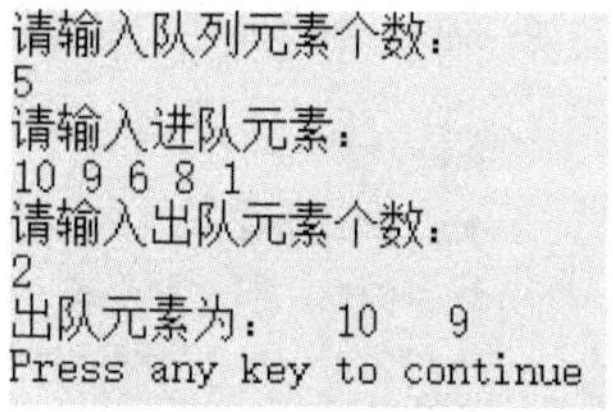

```
请输入队列元素个数：
5
请输入进队元素：
10 9 6 8 1
请输入出队元素个数：
2
出队元素为：   10    9
Press any key to continue
```

图 3.8 链队列基本操作运行结果

3.9 实验八 循环队列的基本运算

3.9.1 预备知识

1. 顺序队列的定义

顺序队列：用一组地址连续的存储单元依次存放从队列头到队列尾的元素的队列。

由于队列的队头和队尾的位置是变化的，因而要设两个指针，分别指示队头和队尾元素在队列中的位置：

Q.front：指向队列头元素；

Q.rear：指向队列尾元素的下一个位置；

入队：将新元素插入所指的位置，然后尾指针加 1；

出队：删去所指的元素，队头指针加 1 并返回被删元素；

空队列：Q.front = Q.rear = 0。

2. 队列的顺序存储结构

```
#define MAXSIZE 100    //队列的最大长度
typedef int ElemType;
typedef   struct
{
      ElemType *base;   //队列空间的起始位置
      int front;    //队头指针,即头元素在数组中的位序
      int rear;       //队尾指针,指向队尾元素的下一位置
}cqueue;
```

队空：Q.front==Q.rear；

队满：Q.rear=MAXSIZE（有假溢出）；

求队长：Q.rear-Q.front；

入队：新元素按 rear 指示位置加入，再将队尾指针加一 ，即 rear = rear + 1；

出队：将 front 指示的元素取出，再将队头指针加一，即 front = front + 1。

3. 循环队列

和栈类似，顺序队列中亦有上溢和下溢现象。此外，顺序队列中还存在"假上溢"现象。因为在入队和出队的操作中，头尾指针只增加不减小，致使被删除元素的空间永远无法重新利用。尽管队列中实际的元素个数远远小于向量空间的规模，但也可能由于尾指针已超出向量空间的上界而不能做入队操作。该现象称为"假上溢"。

为充分利用向量空间，克服假上溢现象的方法是将向量空间想象为一个首尾相接的圆环，并称这种向量为循环向量，存储在其中的队列称为循环队列（Circular Queue），如图 3.9 所示。在循环队列中进行出队、入队操作时，头尾指针仍要加 1，朝前移动。只不过当头尾指针指向向量上界（QueueSize-1）时，其加 1 操作的结果是指向向量的下界 0。

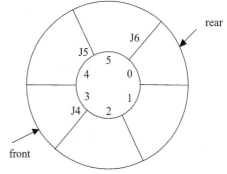

图 3.9　循环向量示意图

由于入队时尾指针向前追赶头指针，出队时头指针向前追赶尾指针，故队空和队满时头尾指针均相等。无法通过 Q.front=Q.rear 来判断队列"空"还是"满"。因此可以修改队满条件，浪费一个元素空间，队满时数组中只有一个空闲单元，这样，队空时条件为 front==rear，队满时条件变成(rear+1)%M==front。对于循环队列，队头、队尾指针加 1 时从 maxSize-1 直接进到 0，可用语言的取模(余数)运算实现。

队头指针进 1：Q.front = (Q.front + 1)% MAXSIZE；

队尾指针进 1：Q.rear = (Q.rear + 1)% MAXSIZE；

队列初始化：Q.front = Q.rear = 0；

队空条件：Q.front == Q.rear；

队满条件：(Q.rear + 1) % MAXSIZE == Q.front；

队列长度：(Q.rear-Q.front+MAXSIZE)% MAXSIZE。

4. 循环队列的基本运算

1）初始化队列

```
void InitQueue(cqueue *cq)
{
      cq ->front=0;
```

```
        cq ->rear=0;
}
```
2）进队列

（1）检查队列是否已满，若队满，则进行溢出错误处理；

（2）将新元素赋给队尾指针所指单元；

（3）将队尾指针后移一个位置(即加 1)，指向下一单元。

```
int enqueue (cqueue *cq, ElemType    x)
{
        if((cq->rear+1)%MAXSIZE == cq->front)
                return 0;
        cq->base[cq->rear]=x;   //插入 x 值到队尾
        cq->rear=(cq->rear+1)%MAXSIZE;   //队尾指针循环后移
        return   1；
}
```
3）出队列

（1）检查队列是否为空，若队空，进行下溢错误处理；

（2）取队首元素的值。

（3）将队首指针后移一个位置（即加 1）；

```
int dequeue (cqueue *cq, ElemType *e)
{
        if ( cq->rear== cq->front )
                return 0；//队空
        *e=cq->base[cq->front]；  //e 值带回出队元素的值
        cq->front=(cq->front+1)%MAXSIZE;//队头指针循环后移
        return 1；
}
```
（4）获取队头元素内容
```
void    GetFront(cqueue *cq, ElemType *e)
{
        if (QueueEmpty(cq))
                printf(“Queue is empty.”);
        else
                *e= cq->base[cq->front];   }
```
（5）判断队列 Q 是否为空
```
int QueueEmpty(cqueue *cq)
{
        if (cq->front== cq->rear)
                return 1;
        else
                return 0;
}
```

3.9.2　实验目的

1. 熟练掌握队列顺序存储结构上的各种操作。

2. 掌握循环队列的初始化、进队、出队、判空、求队长等基本算法。

3.9.3　实验内容

利用顺序存储结构存储队列，实现队列的初始化、进队、出队、判空、求队长等基本操作。

3.9.4 算法实现

【数据结构】

```
typedef   struct
{
    ElemType base[MAXSIZE];   //队列数组空间
    int front;      //队头指针,即头元素在数组中的位序
    int rear;       //队尾指针,指向队尾元素的下一位置
}cqueue;
```

【代码实现】

```
//3-8 循环队列的基本操作
#include "stdio.h"
#define MAXSIZE 100    //队列的最大长度
typedef int ElemType;
typedef   struct
{
    ElemType base[MAXSIZE];   //队列数组空间
    int front;      //队头指针,即头元素在数组中的位序
    int rear;       //队尾指针,指向队尾元素的下一位置
}cqueue;

void InitQueue(cqueue *cq) //初始化
{
    cq ->front=0;
    cq ->rear=0;
}

int enqueue (cqueue *cq, ElemType   x)//进队操作
{
    if((cq->rear+1)%MAXSIZE == cq->front)
        return 0; //队列为空，返回 0
    cq->base[cq->rear]=x;   //插入 x 值到队尾
    cq->rear=(cq->rear+1)%MAXSIZE;   //队尾指针循环后移
    return 1 ;
}

int dequeue (cqueue *cq, ElemType *e)   //出队操作
{
    if ( cq->rear== cq->front )
        return 0 ;   //队空，返回 0
    *e=cq->base[cq->front] ;   //e 值带回出队元素的值
    cq->front=(cq->front+1)%MAXSIZE;   //队头指针循环后移
    return 1 ;
}

int QueueEmpty(cqueue *cq) //判断队列是否为空
{
    if (cq->front== cq->rear)
        return 1;
    else
```

```
        return 0;
}

void main()
{
    cqueue Q;
    ElemType n,x,i,e;
    InitQueue(&Q);
    printf("请输入队列元素个数：\n");
    scanf("%d",&n);
    printf("请输入进队元素：\n");
    for(i=0;i<n;i++)
    {
        scanf("%d",&x);
        enqueue(&Q,x);
    }
    printf("请输入出队元素个数：\n");
r1:
    scanf("%d",&n);
    if(n>(Q.rear-Q.front+MAXSIZE)%MAXSIZE)
    {
        printf("输入数值不能大于进队元素个数，请重新输入：");
        goto r1;
    }
    else
    {
        printf("出队元素为：");
        for(i=0;i<n;i++)
        {
            if(dequeue(&Q,&e))
                printf("%4d",e);
            else
                printf("队列已空\n");
        }
    }
    printf("\n 队列中剩余元素的个数：");
    printf("%d 个\n",(Q.rear-Q.front+MAXSIZE)%MAXSIZE);
}
```

【程序测试及结果分析】

1. 测试 1，出队元素个数小于队列中元素个数，出队正确，如图 3.10 所示。

```
请输入队列元素个数：
5
请输入进队元素：
1 2 3 4 5
请输入出队元素个数：
2
出队元素为：   1   2
队列中剩余元素的个数：3个
Press any key to continue
```

图 3.10　循环队列测试 1 结果

2. 测试 2，出队元素个数大于队列中元素个数，会显示重新输入，如图 3.11 所示。

请输入队列元素个数：
5
请输入进队元素：
1 2 3 4 5
请输入出队元素个数：
6
输入数值不能大于进队元素个数，请重新输入：3
出队元素为：   1   2   3
队列中剩余元素的个数：2个
Press any key to continue

图 3.11　循环队列测试 2 结果

结果分析：循环队列，出队顺序仍然为先进先出，程序正确。

实验九　迷宫求解　　　　　　　　　　　　实验十　舞伴问题

第 4 章

树及二叉树

通过本章学习与实践，掌握二叉树的生成、遍历等基本操作在二叉链表上的实现；掌握运用递归方式描述算法及编写递归 C 程序的方法；掌握哈夫曼树的生成算法；重点掌握二叉树的生成、遍历、求叶子结点等算法。

4.1　二叉树预备知识

4.1.1　二叉树的定义及基本运算

1．定　义

二叉树是 n（n≥0）个结点的有限集合。当 n=0 时，称为空二叉树；当 n>0 时，有且仅有一个结点为二叉树的根，其余结点被分成两个互不相交的子树：一个作为左子树，另一个作为右子树，每个子树又是一个二叉树。

2．二叉树的基本运算

（1）构造一棵二叉树 CreateBTree（BT）

（2）清空以 BT 为根的二叉树 ClearBTree(BT)

（3）判断二叉树是否为空 BTreeEmpty(BT)

（4）获取给定结点的左孩子和右孩子 LeftChild(BT,node)，RightChild(BT,node)

（5）获取给定结点的双亲 Parent(BT,node)

（6）遍历二叉树 Traverse(BT)

4.1.2　二叉树的常用存储结构

1．二叉链表存储结构

（1）定义

二叉树的每个结点对应一个链表结点，链表结点包含三个域，分别是：数据域，指向左孩子结点地址的左指针域，指向右孩子结点地址的右指针域。结点结构如下所示。

Lchild	data	Rchild

（2）元素之间存储地址的关系

头指针保存二叉链表的入口地址（根结点地址），左孩子结点地址保存在左指针域中，右孩子结点地址存储在右指针域中。

```
Typedef   char   TElemType;
typedef struct BiTNode
{
        TElemType data;
        struct BiTNode *Lchild,*Rchlid;
}BiTNode,*BiTree;
```

2．顺序存储结构

（1）定义：按满二叉树的结点层次编号，依次存放二叉树中的数据元素。对于一般的二叉树，须用特殊符号将其改造后成完全二叉树形态，才能采用顺序存储。

（2）元素之间的逻辑关系表示

元素之间的逻辑关系蕴含在其存储位置，利用完全二叉树的性质，可以计算出结点的双亲和孩子的地址下标。

（3）顺序存储结构的类型定义

```
# define MAX_TREE_SIZE 100    //最大结点数
typedef TElemType SqBiTree[MAX_TREE-SIZE];
SqBiTree bt;
```

（4）查找元素的依据——完全二叉树的性质

对于有 n 个结点的完全二叉树中的所有结点，按从上到下、从左到右的顺序进行编号，则对任意一个结点 $i(1 \leqslant i \leqslant n)$，都有：

① 如果 $i=1$，则结点 i 是该完全二叉树的根，没有双亲；否则其双亲结点的编号为 $i/2$。

② 如果 $2*i>n$，则结点 i 没有左孩子；否则其左孩子结点的编号为 $2*i$。

③ 如果 $2*i+1>n$，则结点 i 没有右孩子；否则其右孩子结点的编号为 $2*i+1$。

4.1.3   二叉树的遍历算法

1．二叉树的遍历的定义及分类

二叉树的遍历：按某种顺序访问二叉树中的每个结点一次且仅一次的过程。这里的访问可以是输出、比较、更新、查看元素内容等各种操作。

二叉树的遍历算法的分类：分为两大类

（1）根据定义，按根、左子树和右子树三个部分进行访问，包括先（根）序遍历、中（根）序遍历和后（根）序遍历三种遍历算法。

这三种遍历算法又可以分别采用递归算法描述和非递归算法描述。

（2）按层次从上到下，从左到右遍历进行访问，即层次遍历。

2．二叉树的遍历算法

（1）先序遍历算法

先序遍历二叉树的递归算法

算法思想：从根结点开始，若二叉树为空，则结束遍历操作；否则，访问根结点→先序遍历左子树→先序遍历右子树。

算法描述：

```
void PreOrderTraverse(BiTree   bt)   //先序遍历递归算法
{
        if (bt)
        {
                printf("%d    ",bt->data);//访问根结点, printf 是一个笼统的操作。
                PreOrderTraverse(bt->lchild);   //先序遍历左子树
```

```
                    PreOrderTraverse(bt->rchild); //先序遍历右子树
            }
        }
```

先序遍历二叉树的非递归算法

算法思想：从根结点开始，只要当前结点存在，或者栈不空，则重复下面操作：

① 从当前结点开始，访问结点并进栈。

② 走左子树，直到左子树为空。

③ 当前栈不空，退栈并走右子树。

算法描述：

```
void PreOrderUnrec(Bitree *t)
{
    Stack s;
    StackInit(s);
    Bitree *p=t;
    while (p!=NULL || !StackEmpty(s))
    {
        while (p!=NULL)                //遍历左子树
        {
            visite(p->data);
            push(s,p);
            p=p->lchild;
        }
        if (!StackEmpty(s))   //通过下一次循环中的内嵌 while 实现右子树遍历
        {
            p=pop(s);
            p=p->rchild;
        }
    }
}
```

（2）中序遍历算法

中序遍历二叉树的递归算法

算法思想：从根结点开始，若二叉树为空，则结束遍历操作；否则，中序遍历左子树→访问根结点→中序遍历右子树。

算法描述：

```
void InOrderTraverse(BiTree  bt)   //中序遍历递归算法
{
    if (bt)
    {
        InOrderTraverse(bt->lchild); //中序遍历左子树
        printf("%d   ",bt->data); //访问根结点, printf 是一个笼统的操作。
        InOrderTraverse(bt->rchild); //中序遍历右子树
    }
}
```

中序遍历二叉树的非递归算法

算法思想：从根结点开始，只要当前结点存在，或者栈不空，则重复下面操作：

① 从当前结点开始，进栈并走左子树，直到左子树为空。

② 退栈并访问。

③ 走右子树。

算法描述：

```
void inorder(BiTree root)    /* 中序遍历二叉树，root 为二叉树的根结点 */
{
        top=0;   p=root;
        while(p!=NULL || top!=0)
        {
            if (p!=NULL)
            {
                if (top>m)
                    return   error;//栈满，出错。
                s[top]=p; top=top+1; /*s 表示栈，top 表示栈顶指针*/
                p=p->LChild;
            }  /* 遍历左子树 */
            else   if(top!=0)
            {
                    p=s[top];   top=top-1;
                    Visit(p->data);   /* 访问根结点 */
                    p=p->RChild; /* 遍历右子树 */
            }
        }
}
```

（3）后序遍历递归算法

后序遍历二叉树的递归算法

算法思想：从根结点开始，若二叉树为空，则结束遍历操作；否则，后序遍历左子树→后序遍历右子树→访问根结点。

算法描述：

```
void PostOrderTraverse(BiTree   bt)    //后序遍历递归算法
{
    if (bt)
    {
        PostOrderTraverse(bt->Lchild); //后序遍历左子树
        PostOrderTraverse(bt->Rchild); //后序遍历左子树
        printf("%d   ",bt->data);// 访问根结点
    }
}
```

（4）层次遍历二叉树

算法思想：从上层到下层，每层中从左侧到右侧依次访问每个结点。算法步骤为：

① 首先访问根结点并将根结点入队；

② 当队列非空：

a. 出队列并访问出队结点；

b. 当前出队结点的左指针域非空，则其左孩子入队；

c. 当前出队结点的右指针域非空，则其右孩子入队；

③ 循环执行第 2 步，直到队列为空。

算法描述：

```
void LayerOrder(Bitree T)//层次遍历二叉树
{
```

```
        InitQueue(Q); //建立工作队列
        EnQueue(Q,T);
        while(!QueueEmpty(Q))
        {
                DeQueue(Q,p);
                visit(p);
                if(p->lchild) EnQueue(Q,p->lchild);
                if(p->rchild) EnQueue(Q,p->rchild);
        }
    }
```

3. 构造二叉树

算法思想：

（1）整个算法结构以先序遍历递归算法为基础。

（2）为了保证唯一地构造出所希望的二叉树，在键入所构造二叉树的先序序列时，需要在所有空二叉树的位置上填补一个特殊的字符，比如 '#'。

（3）在算法中，需要对每个输入的字符进行判断，如果对应的字符是 '#'，则在相应的位置上构造一棵空二叉树；否则，创建一个新结点。

（4）二叉树中结点之间的指针连接是通过指针参数在递归调用返回时完成。

算法描述：

```
BTree   Pre_Create_BT(BitTree *bt )
{
        ch=getchar( );
        if (ch=='#')
                return NULL;     //构造空树
        else
        {
            bt=(BitTree *)malloc(sizeof(BitNode));       //构造新结点
            bt->data=ch;
            Pre_Create_BT(bt->lchild );          //构造左子树
            Pre_Create_BT(bt->rchild );
        }
        return OK;
}
```

4.2 实验一 二叉树的二叉链表存储结构及基本操作算法实现

4.2.1 实验目的

1. 熟练掌握树的基本概念、二叉树的基本操作及其在链式存储结构上的实现。

2. 重点掌握二叉树的生成和遍历算法。

3. 掌握用递归方式描述算法及编写递归 C 程序的方法，提高算法分析和程序设计能力。

4.2.2 实验内容

1. 二叉树的生成：采用二叉链表存储结构存储二叉树，从键盘读入一棵二叉树的先序遍历序列，利用先序遍历算法思想建立一棵二叉树。

2. 二叉树的遍历

（1）采用递归遍历算法，分别实现对该二叉树的先（根）序、中（根）序和后（根）序遍历等基本操作，输出遍历结果。

（2）采用非递归遍历算法，分别实现对该二叉树的先（根）序、中（根）序和后（根）序遍历等基本操作，输出遍历结果。

（3）对该二叉树进行层次遍历，输出遍历结果。

4.2.3 算法实现

【数据结构】

```
Typedef  char  TElemType;        //结点数据域的数据类型
typedef struct BiTNode
{
        TElemType data;                        //结点的数据域
        struct BiTNode *Lchild,*Rchlid; //结点的左右指针域
}BiTNode,*BiTree;
```

【算法描述】

1. 调用 Pre_Create_BT 函数，建立一棵二叉树 T。

2. 分别调用 PreOrderTraverse 函数和 PreOrder 函数，对二叉树 T 进行递归和非递归的先（根）序遍历，输出遍历序列。

3. 分别调用 InOrderTraverse 函数和 InOrder 函数，对二叉树 T 进行递归和非递归的中（根）序遍历，输出遍历序列。

4. 分别调用 PostOrderTraverse 函数和 PostOrder 函数，对二叉树 T 进行递归和非递归的后（根）序遍历，输出遍历序列。

5. 调用 LevelOrderTraverse 函数，对二叉树 T 进行层次遍历，输出遍历序列。

注：每一个遍历函数所对应的算法见 4.1.3 节。

【代码实现】

```
//4-1 二叉树的二叉链表存储结构及基本操作算法实现
#include <stdio.h>
#include <stdlib.h>
#include "string.h"
#include<conio.h>
#include<malloc.h>
typedef char TElemType;
typedef struct BiTNode
{
        TElemType data;
        BiTNode * lchild, * rchild;//左右孩子指针
}BiTNode, * BiTree;
typedef struct
{
        struct BiNode *base[100];
        int top;
}Sstack;
void InitBiTree(BiTree * T)
{    //操作结果：二叉树的初始化，即构造空的二叉树 T
        * T = NULL;
}
void CreateBiTree(BiTree * T)
{   //按先序次序输入二叉树中结点的值（可为字符型或整型）
//构造二叉链表表示的二叉树 T，字符'#'表示空（子）树
        TElemType ch;
```

```c
        scanf("%c",&ch);
        if (ch == '#')//空
            * T = NULL;
        else
        {
            * T = (BiTree)malloc(sizeof(BiTNode));//生成根结点
            if (! T)   exit(-1);
                (* T)->data = ch;
            CreateBiTree(&(* T)->lchild);//构造左子树
            CreateBiTree(&(* T)->rchild);//构造右子树
        }
}
void LevelOrderTraverse(BiTNode* b)
{    /* 层次遍历算法 */
    BiTNode *Q[100], *p;
    int rear=0,front=0;
    if (b != NULL)
    {
        Q[rear]=b;
        rear=(rear+1)%100;
        while (front !=rear)
        {
            p=Q[front];
            printf("%c ",p->data);
            front=(front+1)%100;
            if (p->lchild)
            {
                Q[rear]=p->lchild;
                rear=(rear+1)%100;
            }
            if (p->rchild)
            {
                Q[rear]=p->rchild;
                rear=(rear+1)%100;
            }
        }
    }
}
void PreOrderTraverse(BiTree T,void(* Visit)(TElemType))
{    //初始条件：二叉树 T 存在，Visit 是对结点操作的应用函数
//操作结果：先序递归遍历 T，对每个结点调用函数 Visit 一次且仅一次
    if (T)//T 不空
    {
        Visit(T->data);//先访问根结点
        PreOrderTraverse(T->lchild,Visit);//再先序遍历左子树
        PreOrderTraverse(T->rchild,Visit);//最后先序遍历右子树
    }
}
void InOrderTraverse(BiTree T,void(* Visit)(TElemType))
```

```
    {   //初始条件: 二叉树 T 存在, Visit 是对结点操作的应用函数
//操作结果: 中序遍历 T, 对每个结点调用函数 Visit 一次且仅一次
        if (T)
        {
                InOrderTraverse(T->lchild,Visit);//先中序遍历左子树
                Visit(T->data);//再访问根结点
                InOrderTraverse(T->rchild,Visit);//最后中序遍历右子树
        }
}
void PostOrderTraverse(BiTree T,void(* Visit)(TElemType))
    {   //初始条件: 二叉树 T 存在, Visit 是对结点操作的应用函数
//操作结果: 后序递归遍历 T, 对每个结点调用函数 Visit 一次且仅一次
        if (T)//T 不空
        {
                PostOrderTraverse(T->lchild,Visit);//先后序遍历左子树
                PostOrderTraverse(T->rchild,Visit);//再后序遍历右子树
                Visit(T->data);//最后访问根结点
        }
}
void PreOrder(BiTNode* b)
{   //先序非递归
        BiTNode *stack[100], *p;
        int top = -1;
        if (b != NULL)
        {
                top++;
                stack[top] = b;
                while (top > -1)
                {
                        p = stack[top];
                        top--;
                        printf("%c ", p->data);
                        if (p->rchild != NULL)
                        {
                                top++;
                                stack[top] = p->rchild;
                        }
                        if (p->lchild != NULL)
                        {
                                top++;
                                stack[top] = p->lchild;
                        }
                }
                printf("\n");
        }
}
void InOrder(BiTNode* b)
{   //非递归中序
        BiTNode *stack[100], *p;
        int top = -1;
```

```
        if (b != NULL)
        {
            p = b;
            while (top > -1 || p != NULL)
            {
                while (p != NULL)
                {
                    top++;
                    stack[top] = p;
                    p = p->lchild;
                }
                if (top > -1)
                {
                    p = stack[top];
                    top--;
                    printf("%c ", p->data);
                    p = p->rchild;
                }
            }
        }
        printf("\n");
}
void PostOrder(BiTNode * b)
{    //非递归后序
    BiTNode *stack[100], * p;
    int sign, top = -1;
    if (b != NULL)
    {
        do{
            while (b != NULL)
            {
                top++;
                stack[top] = b;
                b = b->lchild;
            }
            p = NULL;
            sign = 1;
            while (top != -1 && sign)
            {
                b = stack[top];
                if (b->rchild == p)
                {
                    printf("%c ", b->data);
                    top--;
                    p = b;
                }
                else
                {
                    b = b->rchild;
                    sign = 0;
                }
```

```
                }
            } while (top != -1);
        printf("\n");
        }
    }
    void visitT(TElemType e)
    {
        printf("%c ",e);
    }
    void safe_flush(FILE *fp)
    {
        int ch;
        while( (ch = fgetc(fp)) != EOF && ch != '\n' );
    }
    void MenuList()
    {
        printf("\n ********************************************\n");
        printf(" **************** 二叉树的生成和遍历实验**********\n");
        printf(" **** 1   -------生成二叉树                        ****\n");
        printf(" **** 2   -------先序遍历二叉树(含递归和非递归)     ***\n");
        printf(" **** 3   -------中序遍历二叉树(含递归和非递归)     ****\n");
        printf(" **** 4   -------后序遍历二叉树(含递归和非递归)     ****\n");
        printf(" **** 5   -------层次遍历                          ****\n");
        printf(" **** 0   -------结束运行                          ****\n");
        printf(" ********************************************\n");
    }
    int main(void)
    {
        int i=100;
        BiTree T;
        InitBiTree(&T);
        MenuList();
        while(i!=0)
        {
            printf(" 请输入选择:");
            scanf("%d" ,&i);
            if (i==1)
            {
                safe_flush(stdin);
                printf(" 请输入二叉树的先序遍历序列，用#代表构造空树。\n");
                printf(" 例如:ab###表示只有两个结点，a 为根，b 为左子树的二叉树)\n");
                printf(" 构造二叉树的先序遍历序列：");
                CreateBiTree(&T);
            }
            if (i==2)
            {
                printf(" 先序递归遍历二叉树:");
                PreOrderTraverse(T,visitT);
                printf("\n 先序非递归遍历二叉树:");
                PreOrder(T);
            }
```

097

```
            if (i==3)
            {
                printf("\n 中序递归遍历二叉树:");
                InOrderTraverse(T,visitT);
                printf("\n 中序非递归遍历二叉树:");
                InOrder(T);
            }
            if (i==4)
            {
                printf("\n 后序递归遍历二叉树:");
                PostOrderTraverse(T,visitT);
                printf("\n 后序非递归遍历二叉树:");
                PostOrder(T);
            }
            if (i==5)
            {
                printf("\n 层次遍历二叉树:");
                LevelOrderTraverse(T);
                printf("\n");
            }
        }
        printf("\n");
        return 0;
    }
```

【程序测试及结果分析】

1. 程序中包含的主要功能及运行的初始界面如图 4.1 所示。

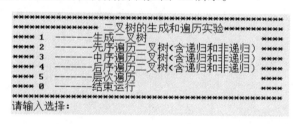

图 4.1　主要功能选项

2. 输入功能选项 1，创建一棵二叉树。输入序列采用先序遍历，用 '#' 表示一棵空树。在构造好二叉树 T 以后，依次选择功能选项 2、3、4、5 运行，对二叉树进行先序、中序、后序和层次遍历。

例如：测试中采用的二叉树如图 4.2 所示，其输入字符串为：abd##e##cf###。

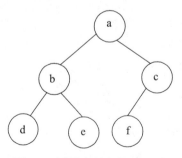

图 4.2　测试中采用的二叉树

构造二叉树、遍历二叉树的运行过程及运行结果如图 4.3 所示。

```
请输入选择:1
请输入二叉树的先序遍历序列，用#代表构造空树。
例如:ab###表示只有两个结点，a为根，b为左子树的二叉树>
构造二叉树的先序遍历序列：abd##e##cf###
请输入选择:2
先序递归遍历二叉树:a b d e c f
先序非递归遍历二叉树:a b d e c f
请输入选择:3

中序递归遍历二叉树:d b e a f c
中序非递归遍历二叉树:d b e a f c
请输入选择:4

后序递归遍历二叉树:d e b f c a
后序非递归遍历二叉树:d e b f c a
请输入选择:5

层次遍历二叉树:a b c d e f
请输入选择:
```

图 4.3　二叉树的生成及遍历运行结果

4.3　实验二 二叉树遍历算法的应用

4.3.1　预备知识

1.　二叉树采用的存储结构

本实验中，对二叉树采用二叉链表存储结构，存储结构的类型定义如下：

```
Typedef   char   TElemType;
typedef struct BiTNode
{
        TElemType data;
        struct BiTNode *Lchild,*Rchlid;
}BiTNode,*BiTree;
```

2.　相关的算法设计

对二叉树的各种操作都可以根据遍历二叉树的遍历算法思想改写而得到，有的应用可以选择任何一种遍历算法，有的应用可能只有某一种遍历算法才适用。在实际应用中，要根据操作的特点合理地选择遍历算法。

（1）计算（输出）一棵二叉树的叶子结点数目

要实现该功能，可以使用三种遍历算法中的任何一种，只是需要将遍历算法中的访问操作变成判断该结点是否为叶子结点，如果是叶子结点，则累加器加 1 或输出该结点。

计算二叉树的叶子结点数目（中序遍历算法思想）

```
void Leaf(BitTree bt,int *count)
{    //计算一棵二叉树的叶子结点数目
    if (bt)
    {
        Leaf(bt->lchild,&count);     //计算左子树的叶子结点个数
        if (bt->lchild==NULL&&bt->rchild==NULL)
        {
            (*count)++;
            printf("%d   ",bt->data);
        }
        Leaf(bt->rchild,&count);   //计算右子树的叶子结点个数
    }
}
```

输出二叉树的所有叶子结点（先序遍历算法思想）

输出二叉树的所有叶子结点（先序遍历算法思想）

```
void    PreOrder(BiTree root，&count)
{          //先序遍历二叉树，并输出叶子结点
// root 为指向二叉树根结点的指针  */
    if (root!=NULL)
    {
        if (root ->LChild==NULL && root ->RChild==NULL)
            printf (root ->data);         /* 输出叶子结点  */
        PreOrder(root ->LChild);        /* 先序遍历左子树  */
        PreOrder(root ->RChild);        /* 先序遍历右子树  */
    }
}
```

（2）交换二叉树的左右子树

使用后序遍历比较符合交换二叉树的左右子树的基本思想。

算法描述：

```
void change_left_right(BiTree T)
{
    BiTNode    * p;
    if (T)
    {
        change_left_right(T->lchild);
        change_left_right(T->rchild);
        p=T->lchild;
        T->lchild=T->rchild;
        T->rchild=p;
    }
}
```

（3）求二叉树的高度

使用后序遍历比较符合求解二叉树高度的思维方式：首先分别求出左右子树的高度，在此基础上求出左右子树中较大的高度值加 1，即为该棵树的高度。

算法描述：

```
int hight(BitTree bt)
{   //h1 和 h2 分别是以 bt 为根的左右子树的高度
    if (bt==NULL)
        return 0;
    else
    {
        h1=hight(bt->lchild);
        h2=hight(bt->right);
        return max{h1,h2}+1;
    }
}
```

（4）判断二叉树是否为完全二叉树

使用先序遍历比较合适。

算法描述：

```
int    fullBiTree(BiTree b)
{
    if(!b)
```

```
        return 0;
    if((b->lchild==NULL && b->rchild==NULL)|| (b->lchild && b->rchild==NULL))
        return 1;// 如果左右子树为空，返回真
    return fullBiTree(b->lchild) & fullBiTree(b->rchild);// 通过递归，返回
}
```

4.3.2 实验目的

1. 了解二叉树的相关操作。

2. 掌握二叉树的遍历算法的应用，理解在计算二叉树的叶子结点、求二叉树的高度、交换二叉树的左右子树等各种操作中，应采用哪种遍历算法思想。

3. 掌握用递归方式描述算法及编写递归 C 程序的方法，提高算法分析和程序设计能力。

4.3.3 实验内容

1. 二叉树遍历算法的应用

（1）修改二叉树的先序、中序和后序遍历算法，求出该二叉树的结点总数和叶子结点数，并输出结点总数和叶子结点数。

（2）求出二叉树的高度。

（3）交换二叉树的左右子树。

2. 写一个判别给定的二叉树是否是完全二叉树的算法，再编程实现该算法。

4.3.4 算法实现

【数据结构】

```
Typedef   char   TElemType;      //结点数据域的数据类型
typedef struct BiTNode
{
        TElemType data;                  //结点的数据域
        struct BiTNode *Lchild,*Rchlid; //结点的左右指针域
}BiTNode,*BiTree;
```

【算法描述】

1. 调用二叉树的构造函数 CreateBiTree()，建立一棵二叉树。

2. 分别根据二叉树的先序、中序和后序遍历算法思想，根据设计的算法编写函数 PostOrderTraverse()、PostOrder()等，求出二叉树的结点总数和叶子结点数。

3. 调用 BiTreeDepth()函数，求二叉树的深度。

4. 调用 change_left_right()函数，实现交换二叉树的左右子树。

5. 调用 fullBiTree()函数，判别给定的二叉树是否是完全二叉树。

【代码实现】

```
//4-2 二叉树遍历算法的应用
# include <stdio.h>
# include <stdlib.h>
#include "string.h"
#include<conio.h>
#include<malloc.h>
typedef char TElemType;
# define form "%c"// 输入输出的格式为%c
//二叉树的存储结构
typedef struct BiTNode
{
        TElemType data;
```

```
            BiTNode * lchild, * rchild;//左右孩子指针
}BiTNode, * BiTree;
typedef struct
{
        struct BiNode *base[100];
        int top;
}Sstack;
void InitBiTree(BiTree * T)
{//操作结果：构造空的二叉树 T
        * T = NULL;
}
void CreateBiTree(BiTree * T)
{//按先序次序输入二叉树中结点的值（可为字符型或整型）
//构造二叉链表表示的二叉树 T，字符'#'表示空（子）树
        TElemType ch;
        scanf("%c",&ch);
        if (ch == '#')//空
                * T = NULL;
        else
        {
                * T = (BiTree)malloc(sizeof(BiTNode));//生成根结点
                if (! T)
                        exit(-1);
                (* T)->data = ch;
                CreateBiTree(&(* T)->lchild);//构造左子树
                CreateBiTree(&(* T)->rchild);//构造右子树
        }
}
void PreOrderTraverse(BiTree T,int &count,int &count_leaf)
{ //初始条件：二叉树 T 存在
//操作结果：先序递归遍历 T，求出二叉树的结点总数和叶子结点数
        if (T)//T 不空
        {
                count++;//结点总数加 1
                if (T->lchild==NULL&&T->rchild==NULL)
                        count_leaf++;//叶子结点数加 1
                PreOrderTraverse(T->lchild, count,count_leaf);//先序遍历左子树
                PreOrderTraverse(T->rchild, count,count_leaf);//先序遍历右子树
        }
}
void InOrderTraverse(BiTree T,int &count,int &count_leaf)
{   //初始条件：二叉树 T 存在
//操作结果：中序递归遍历 T，求出二叉树的结点总数和叶子结点数
        if (T)
        {
                InOrderTraverse(T->lchild, count,count_leaf);//先中序遍历左子树
                count++;//结点总数加 1
                if (T->lchild==NULL&&T->rchild==NULL)
                        count_leaf++;//叶子结点数加 1
                InOrderTraverse(T->rchild, count,count_leaf);//最后中序遍历右子树
        }
```

```
}
void PostOrderTraverse(BiTree T,int &count,int &count_leaf)
{   //初始条件：二叉树 T 存在
//操作结果：后序递归遍历 T，求出二叉树的结点总数和叶子结点数
    if (T)//T 不空
    {
        PostOrderTraverse(T->lchild,count,count_leaf);//先后序遍历左子树
        PostOrderTraverse(T->rchild,count,count_leaf);//再后序遍历右子树
        count++;//结点总数加 1
        if (T->lchild==NULL&&T->rchild==NULL)
            count_leaf++;//叶子结点数加 1
    }
}
void PreOrder(BiTNode* b,int &count,int &count_leaf)
{    //先序非递归算法求二权树的结点总数和叶子结点数
    BiTNode *stack[100], *p;
    int top = -1;
    if (b != NULL)
    {
        top++;
        stack[top] = b;
        while (top > -1)
        {
            p = stack[top];
            top--;
            count++;//先访问根结点
            if (p->lchild==NULL&&p->rchild==NULL)
                count_leaf++;
            if (p->rchild != NULL)
            {
                top++;
                stack[top] = p->rchild;
            }
            if (p->lchild != NULL)
            {
                top++;
                stack[top] = p->lchild;
            }
        }
    }
}
void InOrder(BiTNode* b,int &count,int &count_leaf)
{    //中序非递归算法求二叉树的结点总数和叶子结点数
    BiTNode *stack[100], *p;
    int top = -1;
    if (b != NULL)
    {
        p = b;
        while (top > -1 || p != NULL)
        {
            while (p != NULL)
```

```
                {
                        top++;
                        stack[top] = p;
                        p = p->lchild;
                }
                if (top > -1)
                {
                        p = stack[top];
                        top--;
                        count++;//先访问根结点
                        if (p->lchild==NULL&&p->rchild==NULL)
                                count_leaf++;
                        p = p->rchild;
                }
        }
    }
}
void PostOrder(BiTNode * b,int &count,int &count_leaf)
{    //后序非递归算法求二叉树的结点总数和叶子结点数
        BiTNode *stack[100], * p;
        int sign, top = -1;
        if (b != NULL)
        {
                do{
                        while (b != NULL)
                        {
                                top++;
                                stack[top] = b;
                                b = b->lchild;
                        }
                        p = NULL;
                        sign = 1;
                        while (top != -1 && sign)
                        {
                                b = stack[top];
                                if (b->rchild == p)
                                {
                                        count++;//先访问根结点
                                        if (b->lchild==NULL&&b->rchild==NULL)
                                                count_leaf++;
                                        top--;
                                        p = b;
                                }
                                else
                                {
                                        b = b->rchild;
                                        sign = 0;
                                }
                        }
                }while (top != -1);
                printf("\n");
```

```
                }
        }
        void visitT(TElemType e)
        {
                printf(form" ",e);
        }
        void safe_flush(FILE *fp)
        {
                int ch;
                while( (ch = fgetc(fp)) != EOF && ch != '\n' );
        }
        int BiTreeDepth(BiTree T)
        {   //初始条件：二叉树 T 存在
            //操作结果：返回二叉树 T 的深度
                int i,j;
                if (! T)
                        return 0;//空树的深度为 0
                if (T->lchild)
                        i = BiTreeDepth(T->lchild);      //i 为左子树的深度
                else
                        i = 0;
                if (T->rchild)
                        j = BiTreeDepth(T->rchild); //j 为右子树的深度
                else
                        j = 0;
                return i > j ? i+1 : j+1;//T 的深度为其左右子树的深度中的大者加 1
        }
        void change_left_right(BiTree T)
        {   //初始条件：二叉树 T 存在
        //操作结果：交换二叉树 T 的左右子树
                BiTNode    * p;
                if (T)
                {
                        change_left_right(T->lchild);
                        change_left_right(T->rchild);
                        p=T->lchild;
                        T->lchild=T->rchild;
                        T->rchild=p;
                }
        }
        //初始条件：二叉树 T 存在
        //操作结果：先序遍历二叉树，以求证操作结果是否正确
        void PreOrderTraverse(BiTree T,void(* Visit)(TElemType))
        {
                if (T)//T 不空
                {
                        Visit(T->data);//先访问根结点
```

```
            PreOrderTraverse(T->lchild,Visit);//再先序遍历左子树
            PreOrderTraverse(T->rchild,Visit);//最后先序遍历右子树
        }
}
//初始条件：二叉树 T 存在
//操作结果：判断二叉树是否是完全二叉树
int    fullBiTree(BiTree b)
{
      if(!b)
            return 0;
      if((b->lchild==NULL && b->rchild==NULL)|| (b->lchild && b->rchild==NULL))
            return 1;//  如果左右子树为空，返回真
      return fullBiTree(b->lchild) & fullBiTree(b->rchild);// 通过递归，返回
}
//菜单列表
void MenuList()
{
      printf("\n\n\n********************************************************\n");
      printf("***************    二叉树遍历算法的应用       ***********\n");
      printf("**** 1    -----生成二叉树                          ****\n");
      printf("**** 2    -----先序遍历求二叉树的结点总数和叶子结点数****\n");
      printf("**** 3    -----中序遍历求二叉树的结点总数和叶子结点数****\n");
      printf("**** 4    -----后序遍历求二叉树的结点总数和叶子结点数****\n");
      printf("**** 5    -----求二叉树的深度                     *****\n");
      printf("**** 6    -----交换二叉树的左右子树               *****\n");
      printf("**** 7    -----判断一棵二叉树是否是完全二叉树      *****\n");
      printf("**** 0    -----结束运行                            ****\n");
      printf("*****************************************************\n");
}
int main(   )
{    //主函数
      int i=100;
      BiTree T;
      InitBiTree(&T);
      system("color E0");
      int k=0,leaf=0;//k 存放结点总数，leaf 中存放叶子结点数
      MenuList();
      while(i!=0)
      {
            printf("请输入选择:");
            scanf("%d" ,&i);
            if (i==1)
            {
                  safe_flush(stdin);
                  printf("请先序输入二叉树\n");
                  printf("如:ab###表示只有两个结点，a 为根，b 为左子树的二叉树)\n");
                  CreateBiTree(&T);
```

106

```
        }
if (i==2)
{
        printf("先序递归遍历求二叉树的结点总数和叶子结点数:\n");
        k=0;//存放结点总数
        leaf=0;//存放叶子结点数
        printf("先序递归算法:\n");
        PreOrderTraverse(T,k,leaf);
        printf("二叉树的结点总数为:%d\n",k);
        printf("二叉树的叶子结点数为:%d\n",leaf);
        printf("先序非递归算法:\n");
        k=0;
        leaf=0;
        PreOrder(T,k,leaf);
        printf("二叉树的结点总数为:%d\n",k);
        printf("二叉树的叶子结点数为:%d\n",leaf);
}
if (i==3)
{
        printf("中序递归遍历求二叉树的结点总数和叶子结点数:\n");
        k=0;
        leaf=0;
        printf("中序递归算法:\n");
        InOrderTraverse(T,k,leaf);
        printf("二叉树的结点总数为:%d\n",k);
        printf("二叉树的叶子结点数为:%d\n",leaf);
        printf("\n 中序非递归算法:\n");
        k=0;
        leaf=0;
        InOrder(T,k,leaf);
        printf("二叉树的结点总数为:%d\n",k);
        printf("二叉树的叶子结点数为:%d\n",leaf);
}
if (i==4)
{
        printf("后序递归遍历求二叉树的结点总数和叶子结点数:\n");
        k=0;
        leaf=0;
        printf("后序递归算法:\n");
        PostOrderTraverse(T,k,leaf);
        printf("二叉树的结点总数为:%d\n",k);
        printf("二叉树的叶子结点数为:%d\n",leaf);
        printf("后序非递归算法:\n");
        k=0;
        leaf=0;
        PostOrder(T,k,leaf);
        printf("二叉树的结点总数为:%d\n",k);
```

```
        printf("二叉树的叶子结点数为:%d\n",leaf);
    }
    if (i==5)
    {
        k=0;
        printf("\n 求二叉树的深度:\n");
        k=BiTreeDepth(T);
        printf("二叉树的深度为:%d\n",k);
    }
    if (i==7)
    {
        printf("\n 判定一棵二叉树是否是完全二叉树:\n");
        int cm=fullBiTree(T);
        if (cm==1)
            printf("该二叉树是一棵完全二叉树!!! \n");
        if (cm==0)
            printf("该二叉树不是一棵完全二叉树!!!! \n");
    }
    if (i==6)
    {
        printf("交换二叉树的左右子树\n");
        printf("\n 交换前二叉树的先序遍历序列为:");
        PreOrderTraverse(T,visitT);
        change_left_right(T);
        printf("\n 交换后二叉树的先序遍历序列为:");
        PreOrderTraverse(T,visitT);
        printf("\n");
    }
    }
    printf("\n");
    return 0;
}
```

【程序测试及结果分析】

1. 程序包含的主要功能及运行的初始界面如图 4.4 所示。

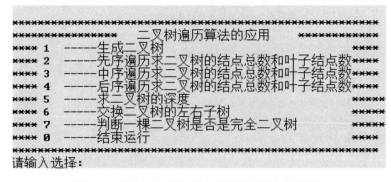

图 4.4　程序包含的主要功能及运行的初始界面

108

2. 输入功能选项 1，构造如图 4.2 所示的二叉树。然后，依次输入功能选项 2、3、4，对所生成的二叉树采用先序递归（非递归）、中序递归（非递归）和后序递归（非递归）等算法求解二叉树的结点总数和叶子结点数，运行结果如图 4.5 所示。

```
请输入选择:1
请输入二叉树的先序序列，#代表空树。
例如:ab###表示只有两个结点，a为根，b为左子树的二叉树>
请输入序列: abd##e##cf###
请输入选择:2
先序递归遍历求二叉树的结点总数和叶子结点数:
先序递归算法:
二叉树的结点总数为:6
二叉树的叶子结点数为:3
先序非递归算法:
二叉树的结点总数为:6
二叉树的叶子结点数为:3
请输入选择:3
中序递归遍历求二叉树的结点总数和叶子结点数:
中序递归算法:
二叉树的结点总数为:6
二叉树的叶子结点数为:3

中序非递归算法:
二叉树的结点总数为:6
二叉树的叶子结点数为:3
请输入选择:4
后序递归遍历求二叉树的结点总数和叶子结点数:
后序递归算法:
二叉树的结点总数为:6
二叉树的叶子结点数为:3
后序非递归算法:

二叉树的结点总数为:6
二叉树的叶子结点数为:3
请输入选择:
```

图 4.5　求二叉树的结点总数和叶子结点数运行结果

3. 输入功能选项 5，求出所生成二叉树的深度；输入功能选项 6，交换二叉树的左右子树，运行结果如图 4.6 所示。

```
请输入选择:5

求二叉树的深度:
二叉树的深度为:3
请输入选择:6
交换二叉树的左右子树

交换前二叉树的先序遍历序列为:a b d e c f
交换后二叉树的先序遍历序列为:a c f b e d
请输入选择:
```

图 4.6　求二叉树的深度和交换左右子树运行结果

4. 在判断二叉树是否是一棵完全二叉树时，要求先运行功能选项 1，构造一棵二叉树，然后再输入功能选项 7，判断所生成二叉树是否是完全二叉树。

例如，在如图 4.7 所示的两棵二叉树中，（a）不是一棵完全二叉树，（b）是一棵完全二叉树。

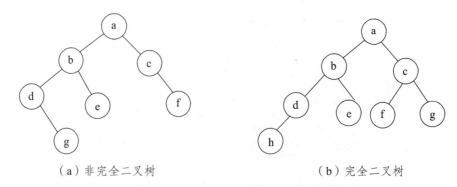

（a）非完全二叉树   （b）完全二叉树

图 4.7　非完全二叉树与完全二叉树

其运行结果如图 4.8 所示。

```
请输入选择:1
请输入二叉树的先序序列，#代表空树。
例如:ab###表示只有两个结点，a为根，b为左子树的二叉树>
请输入序列: abd#g##e###c#f##
请输入选择:7

判定一棵二叉树是否是完全二叉树:
该二叉树不是一棵完全二叉树！！！
请输入选择:1
请输入二叉树的先序序列，#代表空树。
例如:ab###表示只有两个结点，a为根，b为左子树的二叉树>
请输入序列: abdh###e##cf##g##
请输入选择:7

判定一棵二叉树是否是完全二叉树:
该二叉树是一棵完全二叉树！！！
请输入选择:
```

图 4.8　完全二叉树判断运行结果

4.4　实验三 二叉树的顺序存储及基本操作实现

4.4.1　实验目的

1. 了解二叉树的顺序存储思想，掌握二叉树的顺序存储结构和相关操作实现。
2. 学会运用二叉树的知识解决实际问题。

4.4.2　实验内容

采用顺序结构存储二叉树，完成下面操作：

1. 构造一棵二叉树。
2. 层次遍历该二叉树，输出各个结点的数据。
3. 先序、中序和后序遍历该二叉树。
4. 求某结点的双亲和左、右孩子结点。
5. 遍历算法的应用：求二叉树的高度、统计结点总数和叶子结点数。
4. 分析给定的二叉树的存储效率。

4.4.3　算法实现

【数据结构】

采用数组存储二叉树的各个结点，将一棵二叉树用特殊字符补充为一棵完全二叉树形态，将该完全二叉树中的结点（包含补充的）按层次从上到下、同一层从左到右的顺序依次编号，编号从 1 开始，结点编号就是该结点在数组中的存储位置。根据完全二叉树的性质，就可以从顺序存储中找到结点的双亲与孩子。

存储结构为：

```
typedef char ElemType;//结点的数据类型
typedef  ElemType  SqBiTree[M_T_S]; //0 号单元不存储数据，1 号单元存储根结点
```

【算法描述】

1. 将一棵二叉树的空树用特殊字符补充为一棵完全二叉树形态，调用 CreateTree()函数，按层次遍历序列依次输入二叉树的各个结点，构造一棵二叉树，二叉树的各个结点存储在数组 T 中。

2. 按照先序、中序和后序的递归遍历算法思想，调用函数 PreTraverse()、InTraverse()和 PostTraverse()，分别对所构造的二叉树进行先序、中序和后序遍历。

3. 利用层次遍历思想，调用层次遍历函数 LevelTraverse()，对二叉树进行层次遍历，调用函数 BiTreecount()求二叉树的结点总数和叶子结点数。

4. 利用完全二叉树的性质，设计求该二叉树高度的函数 BiTreeDepth()。

5. 利用完全二叉树的性质，设计求二叉树中值为 e 的第一个结点的双亲的函数 Parent()，以及求值为 e 的第一个结点的左、右孩子的函数 Child()。

6. 计算该二叉树在顺序存储结构中的空间利用率。

【代码实现】

```
//4-3 二叉树的顺序存储及基本操作实现
#include<iostream>
#include<malloc.h>
#include<stdlib.h>
#include<math.h>
#define TRUE    1
#define FALSE    0
#define OK    1
#define ERROR    0
#define M_T_S 101 /*  二叉树的最大结点数加 1,0 号位置不存储元素*/
typedef int    Status;
typedef char ElemType;;//结点的数据类型
typedef ElemType SqBiTree[M_T_S]; /* 0 号单元不存储数据，1 号单元存储根结点 */
Status CreateTree(SqBiTree T)
{ /* 按层序次序输入二叉树中结点的值(字符型或整型), 构造顺序存储的二叉树 T */
    int i=0;
    int j;
    char tree_str[M_T_S];
    printf("请将二叉树用'#'补充为一个完全二叉树形式，结点总数≤%d:\n",M_T_S);
    printf(" 然后按从上到下，同一层从左向右按层次输入结点的值(字符), #表示空树  \n");
    printf(" 请输入构造二叉树的字符序列:");
    scanf("%s",&tree_str);
    j=strlen(tree_str); /* 求字符串的长度 */
    for(i=1;i<=j;i++) /* 将字符串赋值给 T */
    {
        T[i]=tree_str[i-1];
        if(i!=1&&T[i/2]=='#'&&T[i]!='#') /* 此结点(不空)无双亲且不是根 */
        {
            printf("字符串输入错误，出现了无双亲的非根结点%c ，退出运行！ \n",T[i]);
            exit(ERROR);
        }
    }
```

```
        for(i=j+1;i<M_T_S;i++) /* 将空值赋给 T 的后面的结点 */
                T[i]=NULL;
        return OK;
}
Status InitBiTree(SqBiTree T)
{ /* 构造空二叉树 T*/
        int i;
        for(i=0;i<M_T_S;i++)
                T[i]=NULL; /* 初值为空 */
        return OK;
}
Status BiTreeEmpty(SqBiTree T)
{   /* 判断二叉树 T 是否为空，若 T 为空,则返回 TRUE,否则 FALSE */
        if(T[1]==NULL) /* 根结点为空,则树空 */
                return TRUE;
        else
        return FALSE;
}
int BiTreeDepth(SqBiTree T)
{ /* 求二叉树 T 的深度 */
        int i,j;
        if(T[1]==NULL)
                return   0;
        i=M_T_S-1;
        while (T[i]==NULL)
                i--;
        j=int(log(i)/log(2))+1;
        return j;
}
void BiTreecount(SqBiTree T)
{ /* 求二叉树 T 中的结点总数和叶子结点数 */
        int i,j;
        int count_sum=0,count_leaf=0;
        if(T[1]==NULL)
        {
                printf("该二叉树为空树");
                return;
        }
        i=M_T_S-1;
        while (T[i]==NULL)
                i--;
        for (j=1;j<=i;j++)
        {
                if (T[j]!='#')
                        count_sum++;
                if ((T[2*j]=='#'&&2*j<=i)&&(T[2*j+1]=='#'&&(2*j+1)<=i))
                        count_leaf++;
        }
        printf(" 该二叉树中，结点总数为：%d   叶子结点数为：%d    \n",count_sum,count_leaf);
```

```c
        return;
}
void Q_count(SqBiTree T)
{ /* 求二叉树 T 的空间利用率  */
    int i,j,count_Q=0;
    float Q;
    i=M_T_S-1;
    for (j=1;j<=M_T_S-1;j++)
        if (T[j]!='#'&&T[j]!=NULL)
            count_Q++;
    Q=float(count_Q)/float((M_T_S-1));
    printf(" 该二叉树的空间利用率为：%4f    \n",Q);
    return;
}
ElemType Parent(SqBiTree T,ElemType e)
{    /* 查找第一个值为 e 且不是根的结点的双亲  */
    int i=1;
    if(T[1]==NULL) /* 空树  */
        return  '#';
    while (T[i]!=e &&i<M_T_S)
        i++;
    if (i==1)
    {
        printf(" %c 是根结点，没有双亲\n",e);
        return '#';
    }
    if(i<M_T_S) /* 找到 e */
        return T[i/2];
    printf(" 没找到%c!!\n",e);
    return '#'; /* 没找到 e */
}
void   Child(SqBiTree T,ElemType e)
{    /* 查找第一个值为 e 的结点的左、右孩子  */
    int i=0,j;
    if(T[1]==NULL) /* 空树  */
    {
        printf(" 该二叉树为空树! \n");
        return;
    }
    while (T[i]!=e &&i<M_T_S)
        i++;
    if(i<M_T_S) /* 找到 e */
    {
        j=2*i;
        if (T[j]!=NULL &&T[j]!='#')
            printf("%c 的左孩子为：%c \n",e,T[j]);
        else
            printf("%c 的左孩子不存在!  \n",e);
        j=2*i+1;
```

```
            if (T[j]!=NULL&&T[j]!='#')
                printf("%c 的右孩子为： %c \n",e,T[j]);
            else
                printf("%c 的右孩子不存在! \n",e);
        }
        if (i==M_T_S)
            printf("在二叉树中，没有找到值为%c 的结点! \n",e);
}
int    LevelTraverse(SqBiTree T)
{ /* 层序遍历二叉树 T */
    int i=M_T_S-1,j,k=1;
    while(T[i]==NULL)
        i--; /*  找到最后一个非空结点的序号 */
    if (i<1)
        return 0;
    printf("层次遍历： ");
    for(j=1;j<=i;j++)    /* 从根结点起,按层序遍历二叉树 */
        if(T[j]!='#')
            printf("%c",T[j]); // 输出非空结点
    printf("其中:\n");
    printf("第%d 层:",k);
    for(j=1;j<=i;j++)    /* 从根结点起,按层序遍历二叉树 */
    {
        if (int(log(j)/log(2))+1>k)
        {
            k++;
            printf("\n");
            printf("第%d 层:",k);
        }
        if(T[j]!='#')
            printf("%c",T[j]); // 输出非空结点
    }
    printf("\n");
    return 1;
}
Status PreTraverse(SqBiTree T,int i)
{   /* 先序遍历二叉树 T */
    if(T[i]!=NULL&&T[i]!='#')   /* 空树 */
        printf("%c",T[i]);
    if(T[2*i]!=NULL&&T[2*i]!='#')
        PreTraverse(T,2*i);
    if(T[2*i+1]!=NULL&&T[2*i+1]!='#')
        PreTraverse(T,2*i+1);
    return OK;
}
Status InTraverse(SqBiTree T,int i)
{ /*  中序遍历二叉树 T */
    if(T[2*i]!=NULL&&T[2*i]!='#')
        InTraverse(T,2*i);
```

```c
        printf("%c",T[i]);
        if(T[2*i+1]!=NULL&&T[2*i+1]!='#')
            InTraverse (T,2*i+1);
        return OK;
    }
void PostTraverse(SqBiTree T,int i)
    { /*后序遍历二叉树 T   */
        if(T[2*i]!=NULL&&T[2*i]!='#') /*  左子树不空  */
            PostTraverse(T,2*i);
        if(T[2*i+1]!=NULL&&T[2*i+1]!='#')/*  右子树不空  */
            PostTraverse(T,2*i+1);
        printf("%c",T[i]);
    }
void MenuList()
{    /*  菜单函数  */
    printf("\n\n\n******************************************************\n");
    printf("***************     二叉树的顺序存储          **********\n");
    printf("**** 1    -------构造顺序存储的二叉树                     ****\n");
    printf("**** 2    -------遍历二叉树                              ****\n");
    printf("**** 3    -------求二叉树的高度、结点总数和叶子结点数     ****\n");
    printf("**** 4    -------求结点 e 的双亲                        ****\n");
    printf("**** 5    -------求结点 e 的左、右孩子                  ****\n");
    printf("**** 6    -------判断二叉树是否为空                     ****\n");
    printf("**** 7    -------该二叉树的空间利用率                   ****\n");
    printf("**** 0    -------结束运行                              ****\n") ;
    printf("******************************************************\n");
}
void safe_flush(FILE *fp)
{    /*  清空输入缓存  */
    int ch;
    while( (ch = fgetc(fp)) != EOF && ch != '\n' );
}
void main()
{    /*  主函数  */
    int j,k;
    int i=100;
    char e;
    ElemType f;
    SqBiTree T;
    InitBiTree(T);
    system("color E0");
    MenuList();
    while(i!=0)
    {
        printf("请输入功能选项:");
        scanf("%d" ,&i);
        if (i==1)
        { //safe_flush(stdin);
            CreateTree(T);
```

```
    }
    if (i==2)
    {
        printf("先序遍历序列：");
        PreTraverse(T,1);
        printf("\n");
        printf("中序遍历序列：");
        InTraverse(T,1);
        printf("\n");
        printf("后序遍历序列：");
        PostTraverse(T,1);
        printf("\n");
        printf("层次遍历序列：");
        LevelTraverse(T);
        printf("\n");
    }
    if (i==3)
    {
        k=BiTreeDepth(T);
        printf("该二叉树的高度为：%d \n",k);
        BiTreecount(T);
    }
    if (i==4)
    {
        printf("请输入要求双亲的结点值：");
        safe_flush(stdin);
        scanf("%c",&e);
        f= Parent(T,e);
        if (f!='#'&&f!=NULL)
            printf("%c 的双亲为：%c    \n",e,f);
    }
    if (i==5)
    {
        printf("请输入要求左、右孩子的结点值：");
        safe_flush(stdin);
        scanf("%c",&e);
        Child(T,e);
    }
    if (i==6)
    {
        j=BiTreeEmpty(T);
        if (j==1)
            printf("空树! \n");
        else
            printf("非空树! \n");
    }
    if (i==7)
        Q_count(T);
}
```

}

【程序测试及结果分析】

1. 程序中包含的主要功能及程序运行初始界面如图 4.9 所示。

图 4.9　程序包含的主要功能及运行初始界面

2. 将要测试的二叉树用特殊符号（本程序用的是'#'）补充为一棵完全二叉树形态。例如，图 4.10（a）所示的二叉树，补充成完全二叉树后，如图 4.10（b）所示。

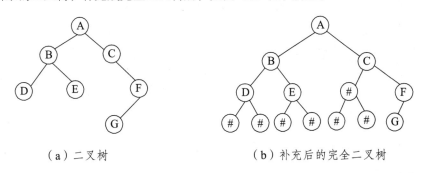

（a）二叉树　　　　　　（b）补充后的完全二叉树

图 4.10　测试中采用的二叉树

3. 运行程序，首先输入功能选项 1，再输入补充为完全二叉树后的层次遍历序列，构造一棵二叉树。例如，图 4.10（a）的输入序列为：ABCDE#F######G。然后输入功能选项 2，对所生成的二叉树进行先序、中序、后序和层次遍历，运行结果如图 4.11 所示。

图 4.11　顺序存储二叉树的构造及各种遍历结果

117

4. 输入功能选项 3，求出所生成二叉树的深度、结点总数和叶子结点数，运行结果如图 4.12 所示。

```
请输入功能选项:3
该二叉树的高度为: 4
该二叉树中，结点总数为: 7      叶子结点数为: 3
请输入功能选项:
```

图 4.12　求二叉树的深度、结点总数和叶子结点数

5. 依次输入功能选项 4、5，然后输入结点值，求第 1 次出现的所输结点值的结点的双亲和左、右孩子。例如，求结点值为 'E'、'A' 的结点的双亲和左、右孩子，求结点值为 'C' 的结点的左、右孩子，其运行结果如图 4.13 所示。

6. 依次输入功能选项 6、7，判断该二叉树是否为空树和求二叉树的空间利用率，其运行结果如图 4.14 所示。

```
请输入功能选项:4
请输入要求双亲的结点值: E
E的双亲为: B
请输入功能选项:4
请输入要求双亲的结点值: A
A是根结点，没有双亲
请输入功能选项:5
请输入要求左、右孩子的结点值: C
C的左孩子不存在!
C的右孩子为: F
请输入功能选项:
```

```
请输入功能选项:6
非空树!
请输入功能选项:7
该二叉树的空间利用率为: 0.070000
请输入功能选项:
```

图 4.13　求结点的双亲和左、右孩子　　　　图 4.14　判断二叉树是否为空树和求空间利用率

4.5　实验四 树的双亲表示法及其基本操作

4.5.1　预备知识

1. 树的双亲表示法

（1）定义一个连续的存储空间存放树的结点，每个结点包含两个域（其存储结构如图 4.15 所示）：

数据域：存放结点本身信息。

双亲域：指示本结点的双亲结点在数组中位置。

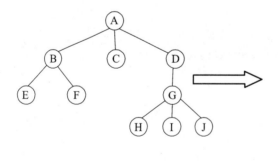

下标	Data	parent
0	A	-1
1	B	0
2	C	0
3	D	0
4	E	1
5	F	1
6	G	3
7	H	6
8	I	6
9	J	6

图 4.15　树的双亲表示法

（2）存储结构定义

\# define MAX_TREE_SIZE 100

```
typedef struct    PTNode
{
        TElemType    data;

        int parent;
} PTNode;

typedef struct
{
        PTNode nodes[MAX_TREE_SIZE];

        int r,n;        //树中根的位置和当前的结点数目
} PTree;
```

2. 查找双亲算法描述

```
int Parent(PTree T, int node)
{
        if (node<0||node>=T.n)
                return -2;
        else
                return T.nodes[node].parent;
}
```

4.5.2 实验目的

1. 理解树的双亲表示法存储结构；

2. 掌握基于树的双亲表示法存储结构，树的遍历、查找双亲、查找孩子、求树的度等基本操作的实现；

3. 学会运用树的知识解决实际问题。

4.5.3 实验内容

自己确定一棵树，采用双亲表示法存储，完成下面的基本操作：

1. 生成一棵树。

2. 求所生成的树中某个结点的双亲，输出双亲结点值。

3. 求所生成的树中某个结点的所有孩子，输出所有孩子的结点值。

4. 求所生成的树的度。

5. 对所生成的树进行先序遍历、后序遍历和层次遍历，输出遍历序列。

4.5.4 算法实现

【数据结构】

程序中定义的树的双亲表示法存储结构

```
typedef char TElemType;

typedef struct
{ //结点类型
        TElemType data;

        int parent;
```

```
    }Pnode;
    typedef struct
    { //树的存储结构
         Pnode node[max_size];
         int length;
    }Tree;
    typedef struct
    {   //队列
         Pnode node[max_size];
         int front;
         int rear;
    }que;
```

【算法描述】

1. 调用 createTree()函数构造一棵双亲表示法存储的树。

2. 调用 Parent_find()函数，在所构造的树中查找所输入结点的双亲，输出双亲结点的值。

3. 调用 Child_find()函数，在所构造的树中查找所输入结点的所有孩子结点，输出所有孩子的结点值。

4. 调用 dgr_tree ()函数，求出所构造的树的度。

5. 分别调用 PreOrder()函数、PostOrder()函数和 LevelOrder()函数，对所构造的树进行先序遍历、后序遍历和层次遍历。

【代码实现】

```
//4-4 树的双亲表示法及其基本操作
#include<iostream>
#include<malloc.h>
#include<stdlib.h>
#define max_size 100
typedef char TElemType;
typedef struct
{
     TElemType data;
     int parent;
}Pnode;
typedef struct
{
     Pnode node[max_size];
     int length;
}Tree;
typedef struct
{
     Pnode node[max_size];
     int front;
     int rear;
```

```
}que;
void safe_flush(FILE *fp)
{
        int ch;
        while( (ch = fgetc(fp)) != EOF && ch != '\n' );
}
//构造双亲表示法的树
void createTree(Tree &tree)
{
        char ch;
        int ti,tj,tk;
        printf( "\n 请输入树的节点个数:" );
        scanf("%d",&tk);
        tree.length=tk;
        printf( "请输入树中结点的字符型值,须第一个输入根结点\n" );
        for ( ti = 0;ti < tree.length ; ti++)
        {
                printf( "请输入第%d 个结点的值:",ti+1);
                safe_flush(stdin);
                scanf("%c",&ch);
                tree.node[ti].data = ch;
        }
        tree.node[0].parent = -1;//根结点的双亲下标设置为-1
        printf( "请输入结点的双亲存储位置下标(根结点除外)\n" );
        for (ti = 1; ti<tree.length; ti++)
        {
                printf( "请输入第%d 个结点的双亲下标:" ,ti+1);
                scanf("%d",&tj);
                tree.node[ti].parent = tj;
        }
}
//查找某结点的双亲
void Parent_find(Tree tree)
{
        char ch;
        int ti,tj;
        printf( "请输入你要查找双亲的结点值:" );
        safe_flush(stdin);
        scanf("%c",&ch);
        for ( ti = 0;ti <tree.length;ti++)
        {
                if (tree.node [ti].data ==ch)
                        break;
        }
        if (ti>=tree.length)
        {
                printf( "树中不存在值为%c 的结点，查找失败！" ,ch);
                eturn;
        }
        tj= tree.node[ti].parent;
```

```c
        if (tj==-1)
                printf("%c 是根结点，没有双亲",tree.node[ti].data );
        else
                printf("%c 的双亲为%c  \n", ch,tree.node[tj].data);
        return;
}
//查找某结点的所有孩子
void Child_find(Tree tree)
{
        int ti,tj=0,tk;
        char ch;
        printf( "请输入你要查找孩的结点值:" );
        safe_flush(stdin);
                scanf("%c",&ch);
        for (ti= 0; ti < tree.length ; ti++)
        {
                if (tree.node [ti].data ==ch)
                        break;
        }
        tk=ti;
        if (tk>=tree.length)
        {
                printf( "树中不存在值为%c 的结点，查找失败！" ,ch);
                return;
        }
        for (ti= 0; ti < tree.length ; ti++)
        {
                if (tree.node[ti].parent==tk)
                {
                        tj++;
                        printf("%c 的第%d 个孩子是：%c  \n", ch,tj,tree.node[ti].data);
                }
        }
        if (tj==0)
                printf("%c 没有孩子结点！  \n",ch);
        return;
}
//求树的度
int   dgr_tree(Tree tree)
{
        int i,j=0,k,d_count[max_size]={0};
        for (i= 0; i < tree.length; i++)
        {
                for (j= 1;j< tree.length; j++)
                        if (tree.node[j].parent==i)
                                d_count[i]++;
        }
        k= d_count[0];
        for (i= 1; i < tree.length; i++)
```

```
            if (d_count[i]>k)
                    k=d_count[i];
        return k;
}
void print_ptree(Tree tree)
{
        int i;
        for(i=0;i<tree.length ;i++)
                printf("结点值：%c,双亲下标：%d \n",tree.node[i].data ,tree.node[i].parent );
}
//先序遍历
void PreOrder(Tree T,int i)
{
        if (T.length != 0)
        {
                printf(" %c ",T.node[i].data);
                for(int j=0;j<T.length ;j++)
                {
                        if (T.node[j].parent==i)
                                PreOrder(T,j);//按左右先序遍历子树
                }
        }
}
//后序遍历
void PostOrder(Tree T,int i)
{//参数：树和根节点下标
        int j;
        if (T.length != 0)
        {
                for (j = 0;j<T.length ;j++)
                {
                        if (T.node [j].parent == i)
                                PostOrder(T, j);//按左右先序遍历子树
                }
                printf(" %c ",T.node[i].data);
        }
}
//层次遍历，参数：树 T
void LevelOrder(Tree T)
{
        int j,k;
        que    q;//借助队列
        Pnode temp;//暂存要出队的结点
        q.rear=0;
        q.front =0;
        if (T.length !=0)
        {
                q.node [q.rear]=T.node[0] ;
                q.rear++;
        }
```

```
        while (q.rear!=q.front )//队列非空
        {
                temp = q.node[q.front ];
                q.front ++;
                printf(" %c ",temp.data);
                for (j =1;j<T.length ;j++)
                {
                        k=T.node [j].parent;
                        if (T.node [k].data ==temp.data)
                        {
                                q.node[q.rear] =T.node [j];
                                q.rear++;
                        }
                }
        }
}
void MenuList()
{
        printf("\n***********************************************\n");
        printf("*************** 树的双亲表示及基本操作   **********\n");
        printf("**** 1   -------生成树                         ****\n");
        printf("**** 2   -------求某结点的双亲                 ****\n");
        printf("**** 3   -------求某结点的孩子                 ****\n");
        printf("**** 4   -------求树的度                       ****\n");
        printf("**** 5   -------树的遍历                       ****\n");
        printf("**** 0   -------结束运行                       ****\n");
        printf("***********************************************\n");
}
int main()
{
        Tree tree;
        int i;
        int r=100;
        while (r!=0)
        {
                MenuList();
                printf("请输入功能选项： ");
                scanf("%d",&r);
                if (r==1)
                        createTree(tree);
                if (r==2)
                        Parent_find(tree);
                if (r==3)
                        Child_find(tree);
                if (r==4)
                {
                        i=dgr_tree(tree);
                        printf("树的度为： %d",i);
                        printf("\n");
                }
                if (r==5)
```

```
        {
            printf("先序遍历序列:");
            PreOrder(tree,0);
            printf("\n");
            printf("后序遍历序列:");
            PostOrder(tree,0);
            printf("\n");
            printf("层次遍历序列:");
            LevelOrder(tree);
            printf("\n");
        }
    }
    return 0;
}
```

【程序测试及结果分析】

1. 程序中的主要功能及运行初始界面如图 4.16 所示。

图 4.16　程序的主要功能及运行初始界面

2. 输入功能选项 1，创建一棵树。输入方式为先输入结点值，然后再输入每个结点的双亲在数组中的下标。例如，构造图 4.15 所描述的树的运行结果如图 4.17 所示。

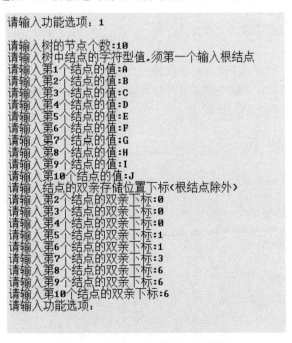

图 4.17　构造双亲表示法存储的树

125

3. 在运行主窗口，选择功能选项 2，求某结点的双亲的结点值（在本程序中，假设每个结点的值是唯一的）；选择功能选项 3，求某结点的双亲的所有孩子；选择功能选项 4，计算树的度。

例如，在图 4.17 所示的树中，求结点 D、A 的双亲，求结点 G 的所有孩子，计算树的度等功能的运行结果如图 4.18 所示。

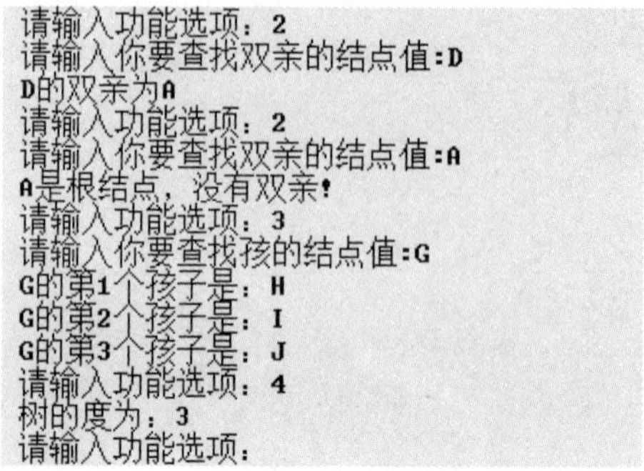

```
请输入功能选项：2
请输入你要查找双亲的结点值:D
D的双亲为A
请输入功能选项：2
请输入你要查找双亲的结点值:A
A是根结点，没有双亲!
请输入功能选项：3
请输入你要查找孩的结点值:G
G的第1个孩子是：H
G的第2个孩子是：I
G的第3个孩子是：J
请输入功能选项：4
树的度为：3
请输入功能选项：
```

图 4.18　求结点的双亲、孩子和树的度

4. 在运行主窗口，选择功能选项 5，对图 4.17 所示的树进行先序遍历、后序遍历和层次遍历。其运行界面如图 4.19 所示。

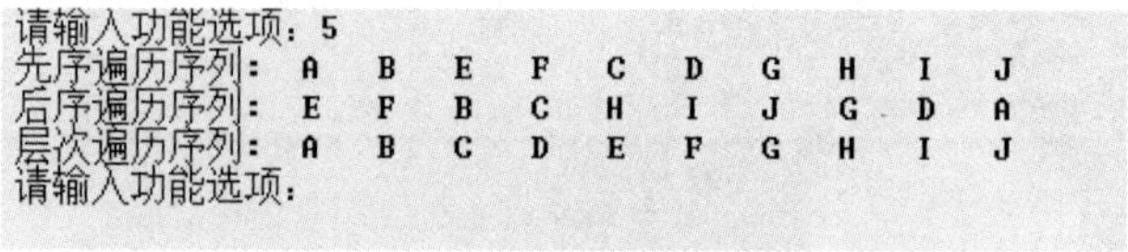

```
请输入功能选项：5
先序遍历序列：  A   B   E   F   C   D   G   H   I   J
后序遍历序列：  E   F   B   C   H   I   J   G   D   A
层次遍历序列：  A   B   C   D   E   F   G   H   I   J
请输入功能选项：
```

图 4.19　树的先序遍历、后序遍历和层次遍历

4.6　实验五 哈夫曼树及哈夫曼编码

4.6.1　预备知识

1. 哈夫曼树的定义及存储结构

定义：

树的带权路径长度：所有叶子结点的带权路径长度之和。

哈夫曼树：构造一棵有 n 个结点的二叉树时，每个结点的带权为 w_i，则其中带权路径长度最小的二叉树，称为最优二叉树或哈夫曼树。

存储结构定义：

```
typedef struct
{
      int    weight ;   /* 结点的权值*/
      int    parent ;   /* 双亲的下标*/
      int    LChild ;   /* 左孩子结点的下标*/
      int    RChild ;   /* 右孩子结点的下标*/
} HTNode,    HuffmanTree[M+1];
Typedef char ** Huffmancode
```

2. 哈夫曼树的相关算法

（1）哈夫曼树的构造和编码算法

算法思想：

1）将 $w_1,w_2,\cdots,w_n$ 看成有 n 棵树的森林（每棵树有一个结点）；

2）在森林中选出两个根结点的权值最小的树合并，作为一棵新树的左、右子树，新树的根结点权值为其左、右子树根结点权值之和；

3）从森林中删除选取的两棵树，并将新树加入森林；

4）重复第 2 步和第 3 步，直到森林中只剩一棵树为止，该树即为我们所求得的哈夫曼树。

5）将所构造的哈夫曼树从叶子到根逆向求每一个字符的哈夫曼编码。

算法描述：

```
void HuffmanTree(HuffmanTree &Ht, int *w, int n)
{ /*w 存放 n 个字符的权值（均大于 0），构造哈夫曼树 ht*/
    if (n<=1)
        return;
    M=2*n-1;
    Ht=( HuffmanTree) malloc(m+1)* sizeof (HTNode);//0 号单元未用;
    p=Ht+1;
    for (i=1;i<=n;++ i,++p,++w)
        *p={*w,0,0,0};
    for(;i<=m;++i,++p)
        *p={0,0,0,0}
    for (i=n+1;i<=m;++i)
    {  //创建哈夫曼树
        select(Ht, i-1, s1, s2);
// 在 ht[1] ~ ht[i-1] 的范围内选择两个 parent 为 0
// 且 weight 最小的结点，其序号分别赋值给 s1、s2 返回
        Ht [i].weight= Ht [s1].weight+ Ht [s2].weight;
        Ht [s1].parent=i;
        Ht [s2].parent=i;
        Ht [i].LChild=s1;
        Ht [i].RChild=s2;
    }   /*哈夫曼树建立完毕*/
//从叶子到根逆向求每一个字符的哈夫曼编码
Hc=( Huffmancode) malloc(n+1)* sizeof(char *)//分配 n 个字符编码的头指针向量
Cd=(char *) malloc(n* sizeof(char));//分配求编码的存储空间
Cd[n-1]="\0";
for (i=1;i<=n;++i)
    {
        Start =n-1;
        for (c=i,f=Ht[i].parent;f!=0;c=f,f=Ht[f].parent)//从叶子到根逆向求编码
            if（Ht[f].lchild==c）
                cd[--stard]="0";
            else
                cd[--stard]="1";
        HC[i]= (char *) malloc((n-start)* sizeof(char));//分配求编码的存储空间
        Strcpy (Hc[i],&cd[start])
    }
    free(cd);
}
```

（2）求哈夫曼树编码的算法

算法思想：

从根出发，遍历整棵哈夫曼树，求得各个叶子结点所表示的哈夫曼树的哈夫曼编码。

算法描述：

```
Void Huffmancode（HuffmanTree   &Ht）
{
        Hc=( Huffmancode ) malloc((n+1)* sizeof(char *));
        P=m;cdlen=0;
        for (i= 1;i<=m;++i)
              Ht[i].weigth=0;
        while (p)
        {
              if(Ht[p] .weigth==0)
              {
                     Ht[p].weigth=1;
                     if (Ht[p].lchild!=0)
                     {
                            p= Ht[p].lchild ;
                            Cd[cdlent++]=" 0" ;
                     }
                     else   if (Ht[p].rchild==0)
                         {
                               Hc[p]=(char *) malloc((cdlent+1)* sizeof(char );
                               Cd[cdlent]=" \0" ;
                               Strcpy(Hc[p],cd);
                         }
              }
              else   if (Ht[p] .weigth==1)
                        Ht[p].weight=2;
              if (Ht[p].rchild!=0)
              {
                     p=Ht[p].rchlid;
                     Cd[cdlen++]=" 1" ;
              }
              else
              {
                     Ht[p] .weigth=0;
                     P=Ht[p].prarent;
                     --cdlen;
              }
        }
}
```

4.6.2　实验目的

1. 掌握哈夫曼树的定义及应用。

2. 掌握哈夫曼树的存储结构及构造算法。

3. 理解哈夫曼编码的编码过程和译码的原理及过程，了解哈夫曼树及哈夫曼编码的应用。

4.6.3　实验内容

1. 输入一组关键字，利用该组关键字作为叶子结点构造一棵哈夫曼树。

2. 对所构造的哈夫曼树进行编码，并记录每一个叶子结点的编码。

3. 对一段文本进行哈夫曼编码，输出编码后的二进制串。

4. 对一段二进制字符串进行译码，输出译码后的字符。

4.6.4　算法实现

【数据结构】

```
typedef struct
{
    char data ;//结点字符
    int weight ;  // 结点的权值
    int parent ;  //双亲的下标
    int LChild ;  //左孩子结点的下标
    int RChild ;  // 右孩子结点的下标
} HTNode,  HuffmanTree[M+1];
Typedef char ** Huffmancode
```

【算法描述】

1. 采用 scanf()函数输入要在哈夫曼树中出现的字符以及每个字符可能出现的频率，调用HmTree()函数，首先初始化存储结构，然后构造一棵哈夫曼树。

2. 调用 CreateHCode()函数，对哈夫曼树的每个字符进行哈夫曼编码，并将编码结果写在一个字符串数组中。

3. 调用 DCode()函数输出所构造的哈夫曼树中每一个字符的编号，调用 DCode1()函数，并利用哈夫曼树对输入的字符串进行编码，输出所得到的哈夫曼编码。

4. 调用 HDCode()函数，利用哈夫曼树对输入的一串编码进行译码，输出译码的字符串。

【代码实现】

```c
//4-5 哈夫曼树及哈夫曼编码
#include <stdio.h>
#include <malloc.h>
# include <stdlib.h>
#include "string.h"
#include<iostream>
#include<conio.h>
#define Mnu 100
typedef struct
{
    char data;//结点字符
    int weight ; // 结点的权值
    int parent ;  // 双亲的下标
    int lchild ;  //左孩子结点的下标
    int rchild ;  //右孩子结点的下标
} HTNode,HuffmanTree;
typedef struct
{
    char code[10];     //存放哈夫曼编码
    int start;
} Hfcode;
typedef struct
{
    char code[Mnu];   //存放哈夫曼编码
    int length;
} Hcode;
HuffmanTree Ht[Mnu];
```

```
Hfcode hcode[Mnu];
void HmTree(HuffmanTree Ht[],int w[],char a[],int n)
{    /*w 存放 n 个字符的权值（均大于 0），构造哈夫曼树 ht*/
     int m,i,j,min1,min2,s1,s2;
     if (n<=1)
          return;
     m=2*n-1;
     for (i=1;i<=n;i++)
     {
          Ht[i].weight=w[i-1];
          Ht[i].data =a[i-1];
          Ht[i].parent=0;
          Ht[i].lchild =0;
          Ht[i].rchild =0;
     }
     for(;i<=m;++i)
     {
          Ht[i].weight=0;
          Ht[i].data='#';
          Ht[i].parent=0;
          Ht[i].lchild =0;
          Ht[i].rchild =0;
     }
     for (i=n+1;i<=m;++i)
     {    //创建哈夫曼树
          s1=0;
          s2=0;
          min1=0;
          for (j=1;j<=i-1;j++)
          {
               if (Ht[j].parent ==0 )
                    if( min1==0 ||Ht[j].weight <min1)
                    {
                         min1=Ht[j].weight;
                         s1=j;
                    }
          }
          min2=0;
          for (j=1;j<=i-1;j++)
          {
               if (Ht[j].parent ==0 &&j!=s1)
                    if (min2==0||Ht[j].weight <min2)
                    {
                         min2=Ht[j].weight;
                         s2=j;
                    }
          }
          // 在  ht[1] ~ ht[i-1] 的范围内选择两个 parent 为 0
               // 且 weight 最小的结点，其序号分别赋值给 s1、s2 返回
          Ht[i].weight=Ht[s1].weight+ Ht[s2].weight;
          Ht[s1].parent=i;
          Ht[s2].parent=i;
```

```
            Ht[i].lchild =s1;
            Ht[i].rchild=s2;
    }   /*哈夫曼树建立完毕*/
}
void prinB( HuffmanTree Ht[],int n)
{
    int m,i;
    m=2*n-1;
    for (i=1;i<=m;i++)
    {
        printf("结点%d: %d,%c --   " ,i,Ht[i].weight ,Ht[i].data);
        if( i%4==0)
        printf("\n");
    }
}
void CreateHCode(HuffmanTree Ht[],Hfcode cd[],int n)
{
    int i,c,f;
    Hfcode cod;
    for (i=1;i<=n;i++)  //根据哈夫曼树求哈夫曼编码
    {
        cod.start=n-1;//初始时，i 为一个叶子结点的下标编号
        c=i;
        f=Ht[i].parent;//f 为 i 的双亲编号
        while (f!=0)//从叶子结点找到树根结点,根结点的双亲编号为 0；
        {
            if (Ht[f].lchild ==c)       //第 i 号结点是第 f 号结点的左孩子
                cod.code[cod.start--]='0';
            else                        //第 i 号结点是第 f 号结点的右孩子
                cod.code[cod.start--]='1';
            c=f;
            f=Ht[f].parent ;
        }
        cod.start++;//start 指向哈夫曼编码最开始字符
        cd[i]=cod;
    }
}
void DCode(HuffmanTree Ht[],Hfcode cd[],int n)
{
    int i,k;
    printf(" \n 各个字符的哈夫曼编码:\n"); //输出各个字符的哈夫曼编码
    for (i=1;i<=n;i++)
    {
        printf("   %C   \t",Ht[i].data);
        for (k=cd[i].start;k<=n;k++)
        {
            printf("%c",cd[i].code[k] );
            //j++;
        }
        printf("\n");
    }
}
```

```
void DCode1(HuffmanTree Ht[],Hfcode cd[],int n)
{
    int i,k,j,s,len;
    char a[Mnu];
    Hcode b;
    b.length =0;
    printf("请输入要编码的字符串: ");
    scanf("%s", a); //输入需要编码的字符串
    len=strlen(a);
    for (i=0;i<len;i++)
    {
        k=0;
        for (j=1;j<=n;j++)
            if (a[i]==Ht[j].data)
                k=j;
        if (k==0)
        {
            printf("字符%C 在哈夫曼树中不存在，字符串错误，编码异常终止\n ");
            return;
        }
        for (s=cd[k].start;s<n;s++)
        {
            b.code[b.length]=cd[k].code[s];
            b.length++;
        }
    }
    printf("字符串%s 的哈夫曼编码为：",a);
    for (j=0;j<b.length ;j++)
        printf("%c",b.code[j]);
    printf("\n");
}
void safe_flush(FILE *fp)
{
    int ch;
    while( (ch = fgetc(fp)) != EOF && ch != '\n' );
}
void HDCode(HuffmanTree Ht[],Hfcode cd[],int n)
{
    int i,k,j,s,len,m;
    char a[200];
    Hcode b;
    b.length =0;
    printf("请输入哈夫曼编码: ");
    scanf("%s", a);
    printf("  输出译文:\n");
    len=strlen(a);
    m=2*n-1;
    j=m;
    for (i=0;i<len;i++)
    {
        if (a[i]=='0' &&Ht[j].lchild !=0)
            j=Ht[j].lchild;
```

132

```
        else  if (a[i]=='1' && Ht[j].rchild !=0)
                j=Ht[j].rchild;
            else
            {
                printf("字符串错误，译码异常终止\n ");
                return;
            }
        if ( Ht[j].lchild ==0 &&Ht[j].rchild ==0)
        {
            printf ( "%c \n" ,Ht[j].data);
            if (i<len-1)
                j=m;
        }
/*      if (a[i]=='0')
        {
            if (Ht[j].lchild !=0)
                j=Ht[j].lchild;
            else
            {
                printf("字符串错误，译码异常终止\n ");
                return;
            }
        }
        if (a[i]=='1')
        {
            if (Ht[j].rchild !=0)
                j=Ht[j].rchild;
            else
            {
                printf("字符串错误，编码异常终止\n ");
                return;
            }
        }
        if ( Ht[j].lchild ==0 &&Ht[j].rchild ==0)
        {
            printf ( "%c " ,Ht[j].data);
            if (i<len-1)
                j=m;
        }*/
    }
    printf ( "\n" );
    if (Ht[j].lchild !=0 || Ht[j].rchild !=0)
    printf("哈夫曼编码最后几位有错误\n");
    return;
}
void MenuList()
{
    printf("\n\n\n***********************************************\n");
    printf("************    哈夫曼树及哈夫曼编码        ****\n");
    printf("**** 1   ------构造哈夫曼树及哈夫曼编码         ****\n");
    printf("**** 2   ------查看各个字组及其哈夫曼编码       ****\n");
    printf("**** 3   ------字符串编码为哈夫曼编码          ****\n");
```

133

```
        printf("**** 4    -------哈夫曼编码译码为字符串                    ****\n");
        printf("**** 0    -------结束运行                              ****\n") ;
        printf("*************************************************** \n");}
void main()
{
    int i,n,k=100,w[20];
    char a[20];
    MenuList();
    while(k!=0)
    {
        printf("请输入选择:");
        scanf("%d" ,&k);
        if (k==1)
        {
            printf("请输入权值个数（4 到 20): ");
            scanf("%d",&n);
            printf("请输入%d 个权值  :",n);
            for (i=0;i<n;i++)
                scanf("%d",&w[i]);
            safe_flush(stdin);
            printf("请输入%d 个权值对应的字符  : ",n);
            for (i=0;i<n;i++)
                a[i]=getchar();
            HmTree( Ht, w,a,n);
            CreateHCode( Ht, hcode, n);
        }
        if (k==2)
        {
            printf("输出哈夫曼树及哈夫曼编码\n ");
            prinB(Ht,n);
            DCode( Ht,   hcode, n);
        }
        if (k==3)
            DCode1(Ht, hcode, n);
        if (k==4)
            HDCode(Ht, hcode, n);
    }
}
```

【程序测试及结果分析】

1. 程序中的主要功能及运行初始界面如图 4.20 所示。

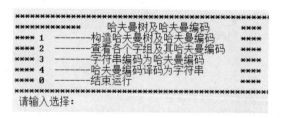

图 4.20　程序的主要功能及运行初始界面

2. 运行功能选项 1，输入权值个数 n 后，依次输入权值以及该权值对应的字符，构造一棵哈夫曼树并对树中每个叶子结点进行编码。运行功能选项 2，输出所构造的哈夫曼树及哈夫曼编码。

例如：输入 n=6，然后输入权值 W[]={12,3,8,5,4,19}，对应的字符为 a[]={'a','b','c','d','e','f'}，其运行界面如图 4.21 所示。

```
请输入选择:1
请输入权值个数 (4到20) : 6
请输入6个权值 :12 3 8 5 4 19
请输入6个权值对应的字符 : abcdef
请输入选择:2
输出哈夫曼树及哈夫曼编码
 结点1: 12,a --    结点2: 3,b --    结点3: 8,c --    结点4: 5,d --
 结点5: 4,e --    结点6: 19,f --    结点7: 7,# --    结点8: 12,# --
 结点9: 20,# --   结点10: 31,# --   结点11: 51,# --
各个字符的哈夫曼编码:
a       01
b       1010
c       00
d       100
e       1011
f       11
请输入选择:
```

图 4.21　构造哈夫曼树及哈夫曼编码

3. 运行功能选项 3，对输入的一串字符串中的每个字符进行编码，如果所输入的字符串中包含了哈夫曼树中没有出现的字符，程序会异常终止。例如：输入字符串"abcdeeef"，其中的所有字符在哈夫曼树中都有出现，编码成功；输入字符串"abcg"，该字符串中的'g'在哈夫曼树中没有出现，则编码失败。其运行结果如图 4.22 所示。

```
请输入选择:3
请输入要编码的字符串: abcdeeef
字符串abcdeeef的哈夫曼编码为:0110100010010111011101111
请输入选择:3
请输入要编码的字符串: abcg
字符 在哈夫曼树中不存在，字符串错误，编码异常终止
请输入选择:
```

图 4.22　对字符串进行编码

4. 运行功能选项 4，对输入的一串哈夫曼编码进行译码，如果所输入的字符串译码成功，则输出译码后的字符串；否则，程序异常终止。例如：输入字符串"00100101111"，成功译码；输入字符串"01101"，最后几位译码失败。其运行结果如图 4.23 所示。

```
请输入选择:4
请输入哈夫曼编码: 00100101111
输出译文:  c   d   e   f
请输入选择:4
请输入哈夫曼编码: 01101
输出译文:    a
哈夫曼编码最后几位有错误
请输入选择:
```

图 4.23　对一串哈夫曼编码进行译码

实验六　根据先（后）序遍历序列和
中序遍历序列构造一颗二叉树

实验七　线索二叉树

135

第 5 章

图

通过本章学习与实践，掌握图的类型定义；掌握图的邻接矩阵和邻接表两种存储表示；掌握图的深度优先遍历和广度优先遍历算法；掌握图的应用，以拓扑排序、最小生成树求解为重点，加深图在实际中应用的理解。

5.1 预备知识

5.1.1 图的定义及存储结构

1. 定义：图 G 是由顶点集 V 和顶点间的关系集合 E(边的集合)组成的一种数据结构，可以用二元组定义为：G=(V,E)。

2. 图的存储结构

图的存储与线性结构和树型结构都不同，不仅要存储图中各个顶点的信息，还要存储顶点与顶点之间的所有关系（边的信息），常用的存储方法有邻接矩阵、邻接表和十字链表等。

（1）邻接矩阵存储结构

定义：用两个数组存储图：一个一维数组存储数据元素（顶点）的信息，一个二维数组存储数据元素之间的关系（边或弧）的信息，在表示边的二维数组中，若$(i,j) \in E(G)$或$<i,j> \in E(G)$，则矩阵中第 i 行、第 j 列元素值为 1 （或为边的权值），否则为 0 （或者为无穷大）。

$$A[i][j]= \begin{cases} 1, & 若(i,j) \in E(G)或<i,j> \in E(G) \\ 0, & 其它情形 \end{cases}$$

或

$$A[i][j]= \begin{cases} w_{ij}, & 若(i,j) \in E(G)或<i,j> \in E(G) \\ \infty, & 其它情形 \end{cases}$$

例如：图 5.1 中的三个图的顶点的存储结构如图 5.2 所示，图的边的存储结构如图 5.3 所示。

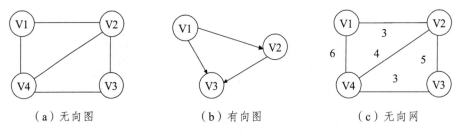

（a）无向图　　　　　　（b）有向图　　　　　　（c）无向网

图 5.1　无向图、有向图及无向网图示

136

$$\begin{bmatrix} V1 \\ V2 \\ V3 \\ V4 \end{bmatrix}$$

$$\begin{bmatrix} V1 \\ V2 \\ V3 \end{bmatrix}$$

$$\begin{bmatrix} V1 \\ V2 \\ V3 \\ V4 \end{bmatrix}$$

（a）图 5.1（a）的顶点　　　　（b）图 5.1（b）的顶点　　　　（c）图 5.1（c）的顶点

图 5.2　图 5.1 中各图顶点的存储

$$\begin{bmatrix} 0 & 1 & 0 & 1 \\ 1 & 0 & 1 & 1 \\ 0 & 1 & 0 & 1 \\ 1 & 1 & 1 & 0 \end{bmatrix}$$

$$\begin{bmatrix} 0 & 1 & 1 \\ 0 & 0 & 1 \\ 0 & 0 & 0 \end{bmatrix}$$

$$\begin{bmatrix} \infty & 3 & \infty & 6 \\ 3 & \infty & 5 & 4 \\ \infty & 5 & \infty & 3 \\ 6 & 4 & 3 & \infty \end{bmatrix}$$

（a）图 5.1（a）的边　　　　（b）图 5.1（b）的边　　　　（c）图 5.1（c）的边

图 5.3　图 5.1 中各图的边的存储

图的邻接矩阵数据类型描述

```
#define MAX 100   /* 最大顶点数*/
elemtype V[MAX]; /* 存放顶点信息,若顶点除编号外无其它信息，则无需该数组*/
int A[MAX][MAX];      /*邻接矩阵*/
```

（2）邻接表存储结构

定义：邻接表存储结构是一种顺序分配与链式分配相结合的存储方法，它包括两部分：

单链表：存放边的信息。

数组：存放顶点本身的数据信息。

例如：图 5.1（a）、图 5.1（c）的邻接表存储结构如图 5.4、图 5.5 所示。

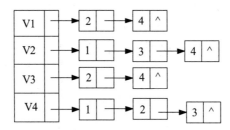

图 5.4　图 5.1（a）的邻接表

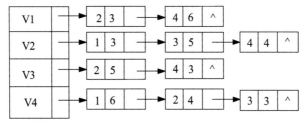

图 5.5　图 5.1（c）的邻接表

图的邻接表数据类型描述

```
typedef struct   e_node                //定义边结点的结构
{
    int adjvex;                        //顶点存储位置编号
    int weight;                        //权值
    struct e_node *next ;   //指向下一条边的指针
```

137

```
}E_NODE;
typedef struct  v_node              //头结点类型
{
    int vertex;                        //顶点的数据信息
    E_NODE *link;            //指向边结点的指针
}V_NODE;
V_NODE head[MAXN];
```

5.1.2 图的遍历

1. 定 义

图的遍历：从某个顶点出发，沿着某条搜索路径对图中所有顶点各做一次访问。

2. 遍历方法

（1）深度优先搜索遍历(DFS)

① 从图中的某个顶点 V0 出发，访问此顶点，然后依次从 V0 的各个未被访问的邻接点出发，深度优先遍历图，直到图中所有和 V0 有路径相通的顶点都被访问到。

② 如果此时图中尚有顶点未被访问，则另选图中一个未被访问的顶点做起始点，重复上述过程，直到图中所有顶点都被访问到。

③ 类似于树的先序遍历。

（2）广度优先搜索遍历(BFS)

① 从图中某个顶点 V0 出发，访问此顶点，然后依次访问 V0 的所有未被访问过的邻接点，再按照这些顶点（V0 的邻接点）被访问的先后次序依次访问其邻接点，直到图中所有与 V0 相通的顶点都被访问到。

② 如果此时图中尚有顶点未被访问，则另选图中一个未被访问的顶点做起始点，重复上述过程，直到图中所有顶点都被访问到。

③ 类似于树的按层次遍历。

5.1.3 图的相关操作算法描述

1. 邻接矩阵的生成算法

```
void    creatadj(int n,int e,int t) //n 为顶点数,e 为边数,t 为图的类型。
//t 取 1～4，代表无向图、有向图、带权无向图和带权有向图
{
    int i,j,k,w;
    for(i=1;i<=n;i++)
            v[i]=getchar();//输入顶点信息
    for(i=1;i<=n;i++)
        for(j=1;j<=n;j++)
            if(t>2)
                    A[i][j]=INFINITE;
            else
                    A[i][j]=0;
    for(k=1;k<=e;k++)
    {
        if(t>2)
        {
            A[i][j]=w;
            if(t==3)
                    A[j][i]=w;
        }
```

```
        else
        {
            A[i][j]=1;
            if(t==1)
                A[j][i]=1;
        }
    }
}
```

2. 深度优先搜索遍历(DFS)算法

算法思想：

（1）访问顶点 i，并设置访问标记域为 1，即 visited[i]=1；

（2）搜索与顶点 i 有边相连的下一个顶点 j，若 j 未被访问过，则访问它，并设置 visited[j]=1，从 j 开始重复此过程。

（3）若 j 已访问，再搜索与 i 有边相连的其它顶点；若与 i 有边相连的顶点都被访问过，则退回到前一个访问顶点并重复刚才过程，直到图中所有顶点都被访问完为止。

算法描述（连通图）：

```
void dfs(Graph G ,vtx * v)        /*从 v 出发深度优先遍历图 g*/
{
    visit ( v ) ;
    visited[v] = 1 ;
    w=FirstAdjVex (G, v ) ;        /*w 为 v 的邻接点  */
    while (w!=0)        /*当邻接点存在时  */
    {
        if (!visited[w])
            dfs (G, w); //每个顶点至多调用一次 dfs 过程
        w= NextAdjVex( G, v, w)   /*顶点已被访问，找下一邻接点  */
    }
}   //算法耗费的时间取决于所采用的存储结构。
```

注意：不同的存储结构，查找未被访问的邻接点的语句描述不同，即：FirstAdjVex (G,v)和 NextAdjVex(G, v, w)会根据存储结构来编写。

3. 广度优先搜索遍历(BFS)算法

算法思想：

（1）首先访问顶点 i，设访问标志：visited[i]=1；

（2）依次访问与顶点 i 有边相连的顶点 $W_1,\cdots,W_t$；

（3）再按顺序访问与 $W_1,W_2,\cdots,W_t$ 有边相连又未曾访问过的顶点，直到图中所有顶点都被访问完为止。

算法描述（连通图）：

```
void bfs(Graph g ,vtx * v )
{
    visit(v); visited[v]=1;
    INIQUEUE(Q); //为了顺次访问路径长度为 2,3,…的顶点，需附设队列以存储已被访问的顶点。
    ENQUEUE(Q,v);
    while (!EMPTY(Q))
    {
        DLQUEUE(Q,v); //队头元素出队
        w=FIRSTADJ(g,v);
```

```
        while (w!=0) //求 v 的邻接点
        {
            if (!visited[w])
            {
                visit(w);
                visited[w]=1;
                ENQUEUE(Q,w);
            }
            w=NEXTADJ(g,v,w);//求下一邻接点
        }
    }
}
```

注意：不同的存储结构，查找未被访问的邻接点的语句描述不同，即：FIRSTADJ(g,v)和 NEXTADJ(g,v,w)会根据存储结构来编写。

5.2 实验一 图的邻接矩阵存储及遍历

5.2.1 实验目的

1. 熟悉图的邻接矩阵存储方法，掌握无向图、有向图、无向网和有向网四种图的邻接矩阵存储方法。

2. 掌握采用邻接矩阵存储结构时，对图的深度优先遍历（DFS）和广度优先遍历（BFS）算法的实现。

3. 进一步掌握递归算法的设计方法。

5.2.2 实验内容

1. 图的存储结构实现：用一个一维数组来存储顶点信息，用一个二维数组存储用于表示顶点间相邻的关系（边）。

2. 图的遍历

（1）对以邻接矩阵为存储结构的图进行 DFS 和 BFS 遍历，输出以某顶点为起始点的 DFS 和 BFS 序列。

（2）测试数据：采用图 5.1 所示的图或单独设计测试用的图，给出其邻接矩阵存储表示。

5.2.3 算法实现

【存储结构】

采用数组存储顶点和边：

int A[MAX][MAX];   //存储边
int visited[MAX];   // 顶点的访问标志
elemtype V[MAX];   //存储顶点

【算法描述】

1. 图的生成

对图进行遍历之前，首先要生成图，调用函数 creatadj()，根据输入值生成图的邻接矩阵存储结构，程序的执行步骤如下：

（1）定义一个一维数组 V[MAX]存储顶点，定义一个二维数组 A[MAX][MAX]存储边，确定图的顶点数、边数及图的类型。

（2）初始化 V[MAX]和 A[MAX][MAX]后，输入顶点信息。

（3）循环地读入边的信息：首先输入边所对应的两个顶点在存储结构（顶点数组）中的下标位置（i,j），再根据图的类型做如下处理：

1）如果是无向图，则 A[i][j]= A[j][i]=1；

2）如果是有向图，则 A[i][j]= 1；

3）如果是无向网，则读入对应的权值 w，并置 A[i][j]= A[j][i]=w；

4）如果是有向网，则读入对应的权值 w，并置 A[i][j]==w。

2. 图的深度优先遍历

调用函数 dfs1()，对采用邻接矩阵存储结构存储的图进行深度优先遍历。在图的深度遍历算法中，从邻接矩阵的当前被访问点所在行中进行邻接点查找，算法的具体操作步骤如下：

（1）输入遍历的初始顶点 i，访问初始顶点 v[i]，将 visited[i]设置为 1。

（2）在邻接矩阵中第 i 行，搜索与顶点 i 有边相连且未被访问过的第一个邻接点 j，访问它并设置 visited[j]=1，然后从 j 开始重复此过程。

（3）若与 i 有边相连的顶点（第 i 行）都被访问过，则退回到前一个访问顶点并重复刚才过程，直到图中所有与 i 在同一个连通子图上的顶点都被访问完为止。

（4）如果还有顶点未被访问，则重新找一个初始访问点，重复第 1 步至第 3 步，直到所有顶点都被访问完为止。

3. 图的广度优先遍历

调用函数 bfs1()，对采用邻接矩阵存储结构存储的图进行广度优先遍历。在图的广度遍历算法中，从邻接矩阵的当前被访问点所在行中进行邻接点查找，算法的具体操作步骤如下：

（1）输入遍历的初始顶点 i，访问初始顶点 v[i]，将 visited[i]设置为 1,并将 i 入队。

（2）当队列非空时，进行以下操作：

1）元素 i 出队，在邻接矩阵中第 i 行依次查找与顶点 i 有边相连且未被访问过的邻接点 j，访问它并设置 visited[j]=1，并将 j 入队，直到 i 的所有未被访问过的邻接点都被访问到。

2）重复上述操作，直到队列为空。

（3）如果还有顶点未被访问，则重新找一个初始访问点，重复第 1 步和第 2 步，直到所有顶点都被访问完为止。

【代码实现】

```
//5-1 图的邻接矩阵存储及遍历
#include <stdio.h>
#include <iostream>
#include <stdlib.h>
#define INFINITE 9999
#define MAX 10
int A[MAX][MAX];
int visited[MAX];
int V[MAX];
void safe_flush(FILE *fp)
{
    int ch;
    while( (ch = fgetc(fp)) != EOF && ch != '\n' );
}
void creatadj(int n,int e,int t)
{
    int i,j,k,w,v1;
    printf(" 生成图 G\n");
    printf(" 请输入顶点值，输入格式：  number（or char）<回车>):\n");
    for(i=1;i<=n;i++)
    {
```

```c
            safe_flush(stdin);
            scanf("%c",&V[i]);
        }
        printf(" 顶点为：");
        for(i=1;i<=n;i++)
            printf(" V%c    ",V[i]);
        printf("\n");
        for(i=1; i<=n; i++)
            for(j=1;j<=n;j++)
                if(t>2) //两种图
                    A[i][j]=INFINITE;//9999
                else
                    A[i][j]=0;
    if (t==1||t==2)
    {
        printf(" 输入边，输入格式：i,j<回车>，其中，i,j 为顶点的存储下标，1<=i<=%d,1<=j<=%d)\n",n,n);
        for(k=1;k<=e;k++)
        {
            //printf(" 输入第%d 条边，输入格式：i,j<CR>):\n",k);
            scanf("%d,%d",&i,&j);
            while (i>n||j>n||i<1||j<1)
            {
                printf(" 顶点的存储下标越界，请重新输入第%d 条边  ",k);
                scanf("%d,%d",&i,&j);
            }
            A[i][j]=1;
            if(t==1)
                A[j][i]=1;
        }
    }
    if (t==3||t==4)
    {
        printf(" 输入条边及其权值，输入格式(w<9999,1<=i<=%d,1<=j<=%d)：i,j,w<CR>):\n",n,n);
        for(k=1;k<=e;k++)
        {
            scanf("%d,%d,%d",&i,&j,&w);
            while (i>n||j>n||i<1||j<1)
            {
                printf(" 顶点的存储下标越界，请重新输入第%d 条边  ",k);
                scanf("%d,%d,%d",&i,&j,&w);
            }
            A[i][j]=w;
            if(t==3)
                A[j][i]=w;
        }
    }
}
void visit(int i) /*输出邻接矩阵 g*/
{
    printf("V%c    ",V[i]);
}
void DispMG(int n)
{
```

```
        int i,j;
        for (i=1;i<=n ;i++)
        {
                for (j=1;j<=n ;j++)
                        if (A[i][j]==INFINITE)
                                printf("%3s"," ∞ ");
                        else
                                printf("%3d",A[i][j]);
                printf("\n");
        }
}
void dfs(int i,int n)    //有向图、无向图的深度优先遍历
{
        int j;
        visit(i);                         //输出 v[i]顶点
        visited[i]=1;                     //标志已经输出
        for(j=1;j<=n;j++)
                if((A[i][j]==1)&&(!visited[j])) //若没有输出且有边
                        dfs(j,n);//递归
}
void dfs34(int i,int n)   //有向网、无向网的深度优先遍历
{
        int j;
        visit(i);                         //输出 v[i]顶点
        visited[i]=1;                     //标志已经输出
        for(j=1;j<=n;j++)
                if((A[i][j]<INFINITE)&&(!visited[j])) //若没有输出且有边
                        dfs34(j,n);//递归
}
void dfs1(int i,int n,int t )
{
        int k,j;
        printf(" 深度优先遍历序列： ");
        for (k=1;k<=n;k++)
                visited[k]=0;
        if (t==1||t==2)
        {
                dfs(i,n);
                for (j=1;j<=n;j++)
                        if (!visited[j])
                                dfs(j,n) ;
        }
        else
        {
                dfs34(i,n);
                for (j=1;j<=n;j++)
                        if (!visited[j])
                                dfs34(j,n) ;
        }
        printf("\n");
}
void bfs(int i,int n,int t)    //广度优先遍历
{
```

```
        int q[10]={0};   //定义一个顺序队列
        int j,r=0,f=0; //队列的队头队尾指针初始化为 0
        visit(i);                    //输出 v[i]顶点
        visited[i]=1;                //标志已经输出
        q[f]=i;
        f++;
        if (t==1||t==2) //有向图，无向图
        {
                while(r!=f)
                {
                        i=q[r];
                        r++;
                        for(j=1;j<=n;j++)
                        {
                                if((A[i][j]==1)&&(!visited[j]))//若没有输出且有边
                                {
                                        visit(j);                //输出 v[i]顶点
                                        visited[j]=1;            //标志已经输出
                                        q[f]=j;
                                        f++;
                                }
                        }
                }
        }
        if (t==3||t==4) //有向网，无向网
        {
                while(r!=f)
                {
                        i=q[r];
                        r++;
                        for(j=1;j<=n;j++)
                        {
                                if((A[i][j]<INFINITE)&&(!visited[j]))//若没有输出且有边
                                {
                                        visit(j);                //输出 v[i]顶点
                                        visited[j]=1;            //标志已经输出
                                        q[f]=j;
                                        f++;
                                }
                        }
                }
        }
}
void bfs1(int i,int n,int t)
{
        int k;
        printf("广度优先遍历序列：");
        for (k=1;k<=n;k++)
                visited[k]=0;
        bfs(i,n,t);
        int j;
        for( j=1;j<=n;i++)
        {//判断是否全部输出
```
144

```
                if(!visited[j])
                        bfs(j,n,t);
                j++;
        }
        printf("\n");
}
void MenuList()
{
        printf("\n\n\n*********************\n");
        printf("   1   ------    生成图\n");
        printf("   2   ------    深度优先\n");
        printf("   3   ------    广度优先\n");
        printf("   0   ------    退出\n");
        printf("*********************\n");
}
int main()
{
        int n=0, e, t, i;
        int k=100;
        system("color E0");
        MenuList();
        while(k!=0)
        {
                printf("请选择操作:");
                scanf("%d",&k);
                if (k==1)
                {
                        printf("请输入顶点数、边数、图的类型，输入格式：v,e,t): ");
                        scanf("%d,%d,%d",&n,&e,&t);
                        creatadj(n,e,t);
                        printf("图的邻接矩阵为：\n");
                        DispMG(n);
                }
                if(k==2)//广度和深度都只能用一次
                {
                        if (n<=0)
                                printf("图不存在，请运行功能 1 创建图\n");
                        else
                        {
                                printf("请输入深度优先遍历的初始顶点：");
                                scanf("%d",&i);
                                dfs1(i,n,t);
                        }
                }
                if(k==3)
                {
                        if (n<=0)
                                printf("图不存在，请运行功能 1 创建图\n");
                        else
                        {
                                printf("请输入广度优先遍历的初始顶点：");
                                scanf("%d",&i);
                                bfs1(i,n,t);
```

145

```
            }
        }
    }
    return 0;
}
```

【程序测试及结果分析】

1. 程序中包含的主要功能及运行的初始界面如图 5.6 所示。

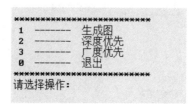

```
********************************
1  ———————  生成图
2  ———————  深度优先
3  ———————  广度优先
0  ———————  退出
********************************
请选择操作:
```

图 5.6　程序包含的功能及运行初始界面

2. 在运行窗口中，运行功能选项 1，输入图的顶点数目、边的数目和图的类型。然后依次按提示格式输入顶点信息和边，构造一个图，并将图以邻接矩阵存储结构保存。

例如，构造如图 5.1（a）和图 5.1（c）所示的图，其输入及运行结果如图 5.7、图 5.8 所示。

```
请选择操作:1
请输入顶点数、边数、图的类型，输入格式: v,e,t):4,5,1
生成图G
请输入顶点值，输入格式: number (or char)<回车>):
1
2
3
4
 顶点为：  U1    U2    U3    U4
输入边，输入格式: i,j<回车>，其中，i,j为顶点的存储下标，1<=i<=4,1<=j<=4)
1,2
1,4
2,3
2,4
3,4
 图的邻接矩阵为：
  0    1    0    1
  1    0    1    1
  0    1    0    1
  1    1    1    0
```

图 5.7　图 5.1（a）的构造

```
请选择操作:1
请输入顶点数、边数、图的类型，输入格式: v,e,t):4,5,3
生成图G
请输入顶点值，输入格式: number (or char)<回车>):
1
2
3
4
 顶点为：  U1    U2    U3    U4
输入条边及其权值，输入格式<w<9999,1<=i<=4,1<=j<=4); i,j,w<CR>):
1,2,3
1,4,6
2,3,5
2,4,4
3,4,3
 图的邻接矩阵为：
  ∞    3    ∞    6
  3    ∞    5    4
  ∞    5    ∞    3
  6    4    3    ∞
请选择操作:
```

图 5.8　图 5.1（c）的构造

146

3. 在程序运行窗口中，分别运行功能选项 2 和功能选项 3，输入遍历的初始点后，对所构造的图进行深度优先遍历和广度优先遍历。

例如，对图 5.1（c）所示的图，从顶点 V3 开始，进行深度优先遍历和广度优先遍历，运行结果如图 5.9 所示。

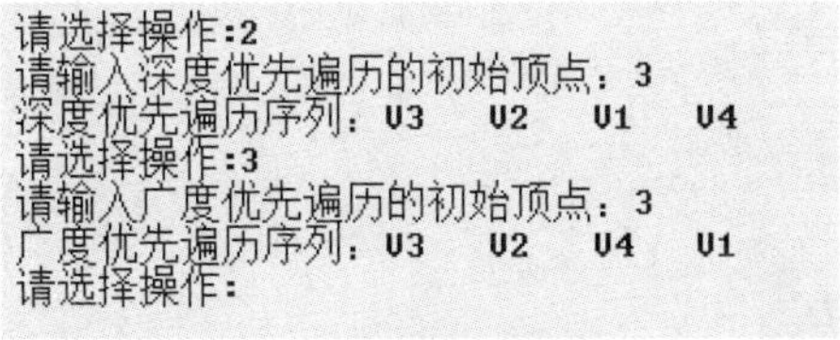

请选择操作:2
请输入深度优先遍历的初始顶点：3
深度优先遍历序列：U3　　U2　　U1　　U4
请选择操作:3
请输入广度优先遍历的初始顶点：3
广度优先遍历序列：U3　　U2　　U4　　U1
请选择操作：

图 5.9　图 5.1（c）的深度优先和广度优先遍历

5.3　实验二　图的邻接表存储及遍历

5.3.1　实验目的

1. 熟悉图的邻接表存储结构，掌握无向图、有向图、无向网和有向网四种图的邻接表存储方法。
2. 掌握采用邻接表存储结构时，图的深度优先遍历（dfs）和广度优先遍历（BFS）算法的实现。
3. 进一步掌握递归算法的设计方法。

5.3.2　实验内容

1. 图的存储结构实现：用一个一维数组来存储顶点信息，用一个链表表示顶点间相邻的边的信息。
2. 图的遍历
（1）对以邻接表为存储结构的图进行 DFS 和 BFS 遍历，输出以某顶点为起始点的 DFS 和 BFS 序列。
（2）测试数据：利用如图 5.1 所示的图或自己设计测试用的图，给出其邻接矩阵存储表示。

5.3.3　算法实现

【存储结构】

1. 采用链表存储边，边的结构如下所示。

```
typedef struct node
{ /*边结点结构*/
    int adjvex;        /*邻接点的存储下标*/
    int weight;        /*权*/
    struct node *next; /*指向下一条边*/
} EdgeNode;
```

2. 采用结构体数组存储顶点，顶点的结构体定义如下所示。

```
typedef struct vnode
{      /*顶点结构*/
    DataType   vertex;     /*顶点信息*/
    EdgeNode *firstedge;   /*指向第一个邻接点的指针*/
} VertexNode;
typedef VertexNode AdjList[MaxVNum+1];   //存储顶点的数组
```

3. 图的存储结构

```
typedef struct
{
    AdjList adjlist; // 顶点及边
    int n, e;   //顶点数，边数
} ALGraph;
```

147

4. 采用图的广度优先遍历时，需要用到队列存储结构。

```
typedef struct
{//定义队列
    int front; /*队头指针*/
    int rear;  /*队尾指针*/
    //int count; /*队列中元素个数*/
    DataType data[MaxVNum];
} CirQueue;
```

【算法描述】

1. 图 的 生 成

对图进行遍历之前，要首先生成图，调用函数 CreateALGraph()，根据输入值生成图的邻接表存储结构，程序的执行步骤如下：

（1）定义图的存储结构中的各个数据类型，确定图的顶点数、边数及图的类型（1~4），输入顶点信息，并将顶点中指向边的指针初始化为空。

（2）循环地读入边的信息：输入边所对应的两个顶点在顶点数组中的下标位置（i,j），再根据图的类型做如下处理：

① 如果是无向图（网），则生成两个边结点；一个边结点插入到第 j 个链表中；另一个边结点插入到第 i 个链表中。

② 如果是有向图（网），则生成一个边结点，插入到第 j 个链表中。

2. 图 的 深 度 优 先 遍 历

调用函数 DFSTraverseAL()，对采用邻接表存储结构存储的图进行深度优先遍历。在遍历算法中，从邻接表中当前被访问点的链表中进行邻接点查找，算法的具体操作步骤如下：

（1）输入遍历的初始顶点 i，访问初始顶点 v[i]，将 visited[i]设置为1。

（2）在图的中第 i 个链表中查找未被访问过的邻接点 j，访问它并设置 visited[j]=1，从 j 开始重复此过程。

（3）若与 i 有边相连的顶点都被访问过，则退回到前一个访问顶点并重复刚才过程，直到图中所有与 i 在同一个连通子图上的顶点都被访问完为止。

（4）如果还有顶点未被访问，则重新找一个初始访问点，重复第 1 步至第 3 步，直到所有顶点都被访问完为止。

3. 图 的 广 度 优 先 遍 历

调用函数 BFSTraverseAL()，对采用邻接矩阵存储结构存储的图进行广度优先遍历，在遍历算法中，从当前被访问点的邻接表链表中查找邻接点，算法的具体操作步骤如下：

（1）输入遍历的初始顶点 i，访问初始顶点 v[i]，将 visited[i]设置为 1,并将 i 入队。

（2）当队列非空时，进行以下操作：

① 元素 i 出队，在图第 i 个链表中，依次查找与顶点 i 有边相连且未被访问过的邻接点 j，访问它并设置 visited[j]=1，并将 j 入队。

② 重复上述操作，直到队列为空。

（3）如果还有顶点未被访问，则重新找一个初始访问点，重复第 1 步和第 2 步，直到所有顶点都被访问完为止。

【代码实现】

```
//5-2 图的邻接表存储及遍历
#include <stdio.h>
#include <stdlib.h>
```

```c
#define FALSE 0
#define TRUE 1
#define NULL 0
#define Error printf
#define MaxVNum 10 /*最大顶点数*/
#define QueueSize 10
typedef struct node
{   /*边结点结构*/
    int adjvex;          /*边结点结构*/
    int weight;          /*权*/
    struct node *next; /*下一个邻接点*/
} EdgeNode;
typedef struct vnode
{   /*顶点结构*/
    int vertex;              /*顶点信息*/
 // int pre;                 /*记录第一个结点*/
    EdgeNode *firstedge; /*指向第一个邻接点的指针*/
} VertexNode;
typedef VertexNode AdjList[MaxVNum+1];
typedef struct
{
    AdjList adjlist;
    int n, e;//顶点数，边数
} ALGraph;
int visited[MaxVNum+1];        /*访问标志域*/
typedef int DataType;
typedef struct
{//定义队列
    int front; /*队头指针*/
    int rear;   /*队尾指针*/
    //int count; /*队列中元素个数*/
    DataType data[MaxVNum];
} CirQueue;
void CreateALGraph(ALGraph *G);//创建图
void DFSTraverseAL(ALGraph *G);//深度优先遍历
void DFSAL(ALGraph *G, int i);
void BFSTraverseAL(ALGraph *G);///广度优先遍历
void BFSAL(ALGraph *G, int i);
void BFSAL1(ALGraph *G, int i);
void InitQueue(CirQueue *Q) /*初始化队列*/
{
    Q->front = Q->rear = 0;
}
int QueueEmpty(CirQueue *Q) /*判队空*/
{
    return Q->front == Q->rear;
}
int QueueFull(CirQueue *Q) /*判队满*/
{
    if (Q->rear+1==Q->front)
        return 1;
    else
```

149

```c
            return 0;
    }
    void EnQueue(CirQueue *Q, DataType x)
    {
            if (!QueueFull(Q))
            {
                    // Q->count++;
                    Q->data[Q->rear] = x;
                    Q->rear = (Q->rear + 1) % QueueSize;
            }
            else
            {
                    Error("队列满！");
                    exit(1);
            }
    }
    DataType DeQueue(CirQueue *Q) /*出队*/
    {
            DataType temp;
            if (QueueEmpty(Q))
                    Error("队列为空");
            else
            {
                    temp = Q->data[Q->front];
                    // Q->count--;
                    Q->front = (Q->front + 1) % QueueSize;
                    return temp;
            }
            return NULL;
    }
    void DispAdj(ALGraph *G,int r)
    /*输出邻接表 G*/
    {
            int i;
            EdgeNode *p;
            for (i=1;i<=G->n;i++)
            {
                    p=G->adjlist[i].firstedge;
                    if (p!=NULL)
                            printf("V[%d]:    ",i);
                    while (p!=NULL)
                    {
                            printf("%3d",p->adjvex );
                            if (r>=3)
                                    printf(",%3d",p->weight );
                            if (p->next!=NULL)
                                    printf("->" );
                            p=p->next ;
                    }
                    printf("\n");
            }
    }
    void MenuList()
```

```
{
        printf("\n\n\n****************************\n");
        printf("   1   -------    生成图的邻接表\n");
        printf("   2   -------    深度优先遍历\n");
        printf("   3   -------    广度优先遍历\n");
        printf("****************************\n");
}
int main()
{
        ALGraph *G; /*定义一个图变量*/
        int i = 100;
        MenuList();
        G = (ALGraph *)malloc(sizeof(ALGraph));
        G->n = 0;
        G->e = 0;
        while (i != 0)
        {
                printf("请选择操作:");
                scanf("%d", &i);
                if (i == 1)
                        CreateALGraph(G);
                if (i == 2)
                        DFSTraverseAL(G);
                if (i == 3)
                        BFSTraverseAL(G);
        }
        return 0;
}
void CreateALGraph(ALGraph *G)
{
        int i, j, k, r, w;
        EdgeNode *s;
        printf("图的类型为：1—4,分别表示无向图、有向图、带权无向图、带权有向图");
        printf("请输入顶点数、边数和图的类型，输入格式：顶点数,边数，图的类型<回车>):");
        scanf("%d,%d,%d", &(G->n), &(G->e),&r);
        printf("请输入顶点值，输入格式：  number<CR>):\n");
        for (i = 1; i <=G->n; i++)
        {
                printf("请输入第%d 个顶点值:",i);
                scanf("\n%c", &(G->adjlist[i].vertex));    //
                G->adjlist[i].firstedge = NULL;
        }
        printf("输入边，输入格式(1<=i,j<=n)：i,j<回车>:\n");
        if (r == 1)
        {
                for (k = 1; k <= G->e; k++)
                {
                        printf("输入第%d 条边:",k);
                        scanf("\n%d,%d", &i, &j);
                        s = (EdgeNode *)malloc(sizeof(EdgeNode));
                        s->adjvex = j;
                        s->next = G->adjlist[i].firstedge;
                        G->adjlist[i].firstedge = s;
```

```
                    s = (EdgeNode *)malloc(sizeof(EdgeNode));
                    s->adjvex = i;
                    s->next = G->adjlist[j].firstedge;
                    G->adjlist[j].firstedge = s;
            }
    }
    if (r == 2)
    {   // 2 为有向图
            for (k = 1; k <= G->e; k++)
            {
                    printf("输入第%d 条边:",k);
                    scanf("\n%d,%d", &i, &j);
                    s = (EdgeNode *)malloc(sizeof(EdgeNode));
                    s->adjvex = j;
                    s->next = G->adjlist[i].firstedge;
                    G->adjlist[i].firstedge = s;
                    //G->adjlist[j].indegree++; /*结点 j 的入度加 1*/
                    // G->adjlist[j].pre = -1;    /*默认上一个结点为-1（没有）*/
            }
    }
    if (r == 3)
    {
            for (k= 1; k<= G->e; k++)
            {
                    printf("输入第%d 条边:",k);
                    scanf("%d,%d,%d", &i, &j,&w);
                    s = (EdgeNode *)malloc(sizeof(EdgeNode));
                    s->adjvex = j;
                    s->weight = w;
                    s->next = G->adjlist[i].firstedge;
                    G->adjlist[i].firstedge = s;
                    s = (EdgeNode *)malloc(sizeof(EdgeNode));
                    s->adjvex = i;
                    s->weight = w;
                    s->next = G->adjlist[j].firstedge;
                    G->adjlist[j].firstedge = s;
            }
    }
    if (r == 4)
    {
            for (k = 0; k < G->e; k++)
            {
                    printf("输入第%d 条边:",k);
                    scanf("%d,%d,%d", &i, &j,&w);
                    s = (EdgeNode *)malloc(sizeof(EdgeNode));
                    s->adjvex = j;
                    s->weight = w;
                    s->next = G->adjlist[i].firstedge;
                    G->adjlist[i].firstedge = s;
            }
    }
    DispAdj(G,r);
}
```

```
void DFSTraverseAL(ALGraph *G)
{
    int i,k;
    printf("深度优先遍历\n");
    for (i = 1; i <=G->n; i++)
        visited[i] =0;
    printf("请输入遍历的初始顶点的地址下标（1-n):");
    scanf("%d",&k);
    DFSAL(G, k);
    for (i = 1; i <= G->n; i++)
        if (!visited[i])
            DFSAL(G, i);
}
void DFSAL(ALGraph *G, int i)
{
    EdgeNode *p;
    printf("访问顶点:V%c\n", G->adjlist[i].vertex);
    visited[i] = 1;
    p = G->adjlist[i].firstedge;
    while (p)
    {
        if (!visited[p->adjvex])
            DFSAL(G, p->adjvex);
        p = p->next;
    }
}
void BFSTraverseAL(ALGraph *G)
{
    int i,k;
    printf("广度优先遍历\n");
    for (i = 1; i <= G->n; i++)
        visited[i] = 0;
    printf("请输入遍历的初始顶点的地址下标（1-n):");
    scanf("%d",&k);
    BFSAL1(G, k);
    for (i = 1; i <= G->n; i++)
        if (!visited[i])
            BFSAL1(G, i);
}
void BFSAL1(ALGraph *G, int i)
{
    int k;
    CirQueue q;
    InitQueue(&q);
    EdgeNode *p;
    printf("访问顶点:V%c\n", G->adjlist[i].vertex);
    visited[i] = 1;
    EnQueue(&q,i);
    while (!QueueEmpty(&q))
        k=DeQueue(&q);
    p = G->adjlist[k].firstedge;
    while (p)
    {
```

```
            if (!visited[p->adjvex])
            {
                printf("访问顶点:V%c\n",G->adjlist[p->adjvex].vertex);
                visited[p->adjvex] = 1;
                EnQueue(&q, p->adjvex);
            }
            p = p->next;
        }
    }
```

【程序测试及结果分析】

1. 程序中包含的主要功能及运行的初始界面如图 5.10 所示。

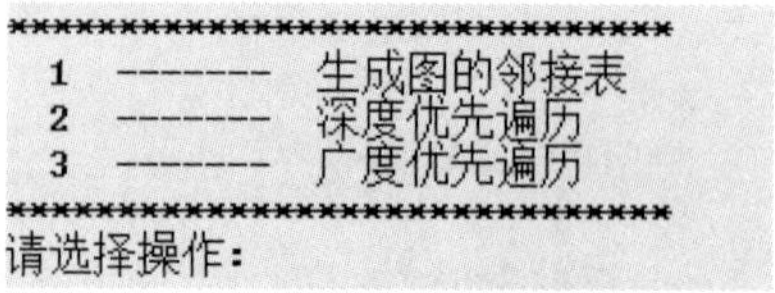

```
********************************
  1  -------  生成图的邻接表
  2  -------  深度优先遍历
  3  -------  广度优先遍历
********************************
请选择操作:
```

图 5.10　程序功能及运行初始界面

2. 在程序运行窗口中，运行功能选项 1，输入图的顶点数、边的数目和图的类型后，依次按提示格式输入顶点信息和边，构造一个图，并将图以邻接表存储结构保存。运行功能选项 2 和功能选项 3，输入遍历的初始点后，对所构造的图进行深度优先遍历和广度优先遍历。

例如，对如图 5.1（a）和图 5.1（c）所示构造的图，从顶点 V2 开始进行深度优先遍历和广度优先遍历，运行结果分别如图 5.11 和 5.12 所示。

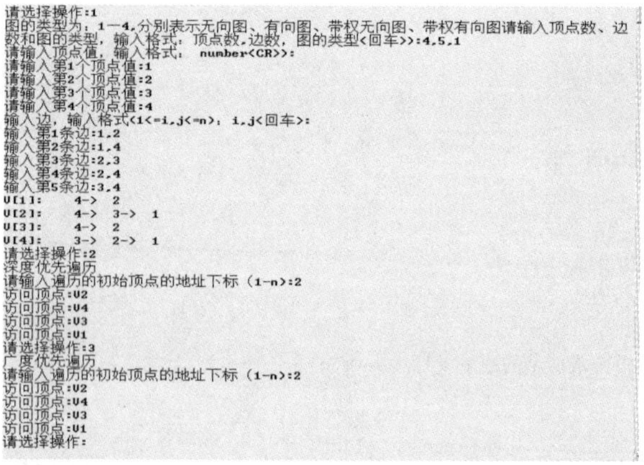

```
请选择操作:1
图的类型为: 1—4,分别表示无向图、有向图、带权无向图、带权有向图请输入顶点数、边
数和图的类型, 输入格式: 顶点数,边数, 图的类型<回车>>:4,5,1
请输入顶点值, 输入格式:  number<CR>>:
请输入第1个顶点值:1
请输入第2个顶点值:2
请输入第3个顶点值:3
请输入第4个顶点值:4
输入边, 输入格式<1<=i,j<=n>: i,j<回车>:
输入第1条边:1,2
输入第2条边:1,4
输入第3条边:2,3
输入第4条边:2,4
输入第5条边:3,4
V[1]:     4->  2
V[2]:     4->  3->  1
V[3]:     4->  2
V[4]:     3->  2->  1
请选择操作:2
深度优先遍历
请输入遍历的初始顶点的地址下标 (1-n):2
访问顶点:V2
访问顶点:V4
访问顶点:V3
访问顶点:V1
请选择操作:3
广度优先遍历
请输入遍历的初始顶点的地址下标 (1-n):2
访问顶点:V2
访问顶点:V4
访问顶点:V3
访问顶点:V1
请选择操作:
```

图 5.11　构造图 5.1（a）并深度优先遍历和广度优先遍历

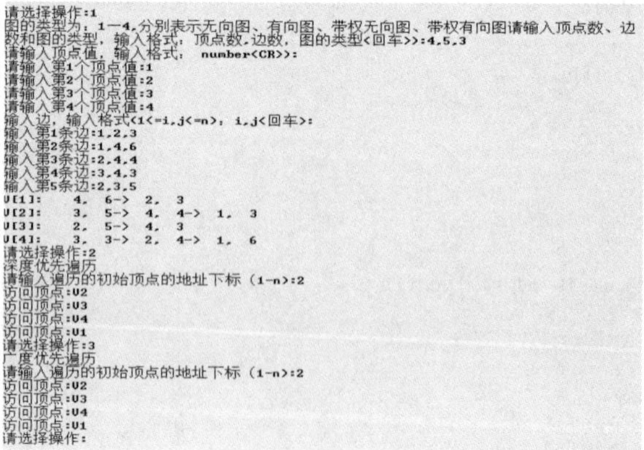

```
请选择操作:1
图的类型为: 1—4,分别表示无向图、有向图、带权无向图、带权有向图请输入顶点数、边
数和图的类型, 输入格式: 顶点数,边数, 图的类型<回车>>:4,5,3
请输入顶点值, 输入格式:  number<CR>>:
请输入第1个顶点值:1
请输入第2个顶点值:2
请输入第3个顶点值:3
请输入第4个顶点值:4
输入边, 输入格式<1<=i,j<=n>: i,j<回车>:
输入第1条边:1,2,3
输入第2条边:1,4,6
输入第3条边:2,4,4
输入第4条边:3,4,3
输入第5条边:2,3,5
V[1]:     4,  6->  2,  3
V[2]:     3,  5->  4,  4->  1,  3
V[3]:     2,  5->  4,  3
V[4]:     3,  3->  2,  4->  1,  6
请选择操作:2
深度优先遍历
请输入遍历的初始顶点的地址下标 (1-n):2
访问顶点:V2
访问顶点:V3
访问顶点:V4
访问顶点:V1
请选择操作:3
广度优先遍历
请输入遍历的初始顶点的地址下标 (1-n):2
访问顶点:V2
访问顶点:V3
访问顶点:V4
访问顶点:V1
请选择操作:
```

图 5.12　构造图 5.1（c）并深度优先遍历和广度优先遍历

5.4 实验三 最小生成树求解

5.4.1 预备知识

1. 定义: 有 n 个顶点的带权图, 可以有多棵生成树。其中, 各边的权值之和最小的生成树, 称为最小生成树。

2. 生成树的求解算法

生成树的求解算法主要有普里姆算法和克鲁斯卡尔算法。

（1）普里姆算法

算法思想: 取图中的任意一个点 V 作为树的根, 之后往生成树上添加顶点 W, 则 V 和 W 之间必定存在一条边, 且该边的权值在所有连通顶点 V 和 W 之间的边中是最小值。一般情况下, 将顶点分成两个集合, U 表示已经添加到生成树上的顶点集, V-U 表示未加到生成树上的顶点集, 则在所有连通 U 和 V-U 的边中选取权值最小的边。

算法描述:

1）任取一个顶点 k 作为开始点, 令 U={k}, W=V-U, 其中 V 为图中所有顶点的集合;

2）从一个顶点在 U 中、另一个顶点在 W 中的所有边中, 选取最短的一条, 将该边作为最小生成树的边加入边集 TE 中, 并将该边对应的在 W 中的顶点并入 U 集合中, 再从 W 中删去该顶点;

3）重复第 2 步, 直到 U=V（W 为空集）止。

（2）克鲁斯卡尔算法

算法思想: 为了使生成树的权值之和最小, 就应该使树上每条边的权值尽可能小。我们可以先构成一个只包含有 n 个顶点的子图 SG, 所有边按权值递增顺序排列; 然后从权值最小的边开始, 只要该边不让 SG 产生回路（若构成回路, 则放弃该条边, 选后面权值较大的边）, 就将该边加入到 SG 中; 如此重复, 直到加入 n-1 条边。

算法描述:

1）设 T(U,TE)是图 G(V,E)的最小生成树, 初始化 U=V, TE=NULL, 将 E 按权值从小到大进行排序;

2）从排好序的 E 中, 选取使 T 不产生回路的权值最小的边, 将其加入到 TE;

3）重复第 2 步, 直到 TE=n-1(n 为顶点数)。

5.4.2 实验目的

1. 通过上机, 进一步加深对最小生成树的理解。

2. 掌握普里姆算法和克鲁斯卡尔算法两种求解图的最小生成树的算法。

5.4.3 实验内容

用 C 语言编写程序, 实现:

1. 生成一个带权的无向连通图;

2. 采用普里姆算法求解带权无向连通图的最小生成树;

3. 采用克鲁斯卡尔算法求解带权无向连通图的最小生成树;

要求: 采用邻接矩阵存储图的顶点和边。

5.4.4 算法实现

【数据结构】

```
typedef  int   vexlist[MVNum];//存放顶点
struct edgeElem //边结点结构
{
    int fromvex;
```

```
        int endvex;
        int weight;
};
typedef struct edgeElem edgeset[MVNum]; //存放边
typedef struct
{
        int n;
        int arcs[MAXVEX][MAXVEX];
} GraphMatrix;
typedef struct
{
        int start_vex, stop_vex;
        int weight;
} Edge;Edge mst[5];
```

【算法描述】

1. 调用函数 Creat_adjmatrix()，创建一个带权的连通图。
2. 调用函数 kruskal()，利用克鲁斯卡尔算法求图的最小生成树，输出求出的最小生成树。
3. 调用函数 prim()，利用普里姆算法求图的最小生成树，输出求出的最小生成树。

【代码实现】

```
//5-3 最小生成树求解
#include<stdio.h>
#include<stdlib.h>
#include <time.h>
#define MVNum 50
#define MENum 500
#define MaxValue 9999
#define MAXVEX 6
#define MAX 1e+8
typedef int adjmatrix[MVNum][MVNum];//存储边
typedef int    vexlist[MVNum];//存放顶点
typedef int VexType;
typedef int AdjType;
typedef struct edgeElem edgeset[MVNum];
struct edgeElem
{
        int fromvex;
        int endvex;
        int weight;
};
typedef struct
{
        int n;
        int arcs[MAXVEX][MAXVEX];
} GraphMatrix;
typedef struct
{
        int start_vex, stop_vex;
        int weight;
} Edge;Edge mst[5];
void Creat_adjmatrix(vexlist GV,adjmatrix GA,int m,int e,GraphMatrix &graph)
{//建立图的邻接矩阵
```

```
    int i,j,k,w,x,y,weight;
    printf(" 请输入%d 个顶点序号，顶点序号从 1 开始：\n",m,m);
    for(i=1;i<=m;i++)
    {
        scanf("%d",&GV[i]);
        if(GV[i]>m)
        {
            printf("输入的序号有误，请输入 1 到%d 之间的数，请重新输入。\n",m);
            scanf("%d",&GV[i]);
        }
    }
    for(i=1;i<=m;i++)
        for(j=1;j<=m;j++)
            GA[i][j]=MaxValue;
    printf(" 请输入%d 条无向边（输入格式：顶点下标，顶点下标，权值）<回车>\n",e);
    for(k=1;k<=e;k++)
    {
        printf("请输入第%d 条边:",k);
        scanf("%d,%d,%d",&i,&j,&weight);
        GA[i][j]=GA[j][i]=weight;
    }
    graph.n =m;
    for(x=1;x<=m;x++)
        for(y=1;y<=m;y++)
            graph.arcs[x][y]=GA[x][y];
    printf("成功构造一个带权图,所构造的图为：\n");
    printf(" 顶点：");
    for ( j=1;j<=m;j++)
        printf(" V%d     ",GV[j]);
    printf(" \n");
    printf(" 邻接矩阵为：\n");
    for (i=1;i<=m ;i++)
    {
        for (j=1;j<=m ;j++)
            if (GA[i][j]==MaxValue)
                printf("  %3s"," ∞ ");
            else
                printf("  %3d",GA[i][j]);
        printf("\n");
    }
}
void kruskal(GraphMatrix * pgraph, Edge mst[])
{ //利用克鲁斯卡尔算法求图的最小生成树
    int i, j, min, vx, vy;
    int weight, minweight; Edge edge;
    for (i = 1; i < pgraph->n; i++)
    {
        mst[i].start_vex = 1;
        mst[i].stop_vex = i+1;
        mst[i].weight = pgraph->arcs[1][i+1];
    }
    for (i = 1; i < pgraph->n; i++)//共 n-1 条边
    {
```

```
            minweight = (int)MAX;
            min = i;
            for (j = i; j < pgraph->n; j++)
                    if(mst[j].weight < minweight)
                    {
                            minweight = mst[j].weight;
                            min = j;
                    }
            edge = mst[min];
            mst[min] = mst[i];
            mst[i] = edge;
            vx = mst[i].stop_vex;
            for(j = i+1; j < pgraph->n; j++)
            {
                    vy=mst[j].stop_vex; weight = pgraph->arcs[vx][vy];
                    if (weight < mst[j].weight)
                    {
                            mst[j].weight = weight;
                            mst[j].start_vex = vx;
                    }
            }
    }
}
void out_edgeset(edgeset MST,int e)//普里姆算法输出最小生成树
{
    int k;
    for(k=1;k<=e;k++)
    printf("(%d %d %d)\n",MST[k].fromvex,MST[k].endvex,MST[k].weight);
}
void prim(adjmatrix GA,edgeset MST,int n)
{
    int i,j,t,k,w,min,m;
    struct edgeElem x;
    for(i=1;i<=n;i++)
        if(i>1)//从1点连接其余顶点
        {
            MST[i-1].fromvex=1;
            MST[i-1].endvex=i;
            MST[i-1].weight=GA[1][i];
        }
    for(k=2;k<=n;k++)
    {
        min=MaxValue;
        m=k-1;
        for(j=k-1;j<n;j++)
            if(MST[j].weight<min)
            {
                min=MST[j].weight;
                m=j;
            }//选择从1点出发权值最小的边
        x=MST[k-1];MST[k-1]=MST[m];MST[m]=x;//交换位置
        j=MST[k-1].endvex;//定位于权值最小边的尾顶点
        for(i=k;i<n;i++)//选取轻边
```

158

```
            {
                t=MST[i].endvex;w=GA[j][t];
                if(w<MST[i].weight)
                {
                    MST[i].weight=w;
                    MST[i].fromvex=j;
                }
            }
        }
}
void main()
{
        int n,e,i;
        int a;
        vexlist GV;//顶点表
        adjmatrix GA;//边表
        edgeset MST;//最小生成树
        GraphMatrix graph;//定义一个结构体来表示存储结构
        printf(" 输入图的顶点数和边数:");
        scanf("%d,%d",&n,&e);
        Creat_adjmatrix(GV,GA,n,e,graph);//创建图
        printf(" kruskal 算法求图的最小生成树,最小生成树为:\n");
        kruskal(&graph,mst);//生成最小生成树
        for (i = 1; i < graph.n; i++)
                printf("(%d %d %d)\n", mst[i].start_vex,
        mst[i].stop_vex, mst[i].weight);//输出最小生成树
        printf(" prim 算法求图的最小生成树,最小生成树为:\n");
        prim(GA,MST,n);//生成最小生成树
        out_edgeset( MST, n-1);//输出最小生成树
}
```

【程序测试及结果分析】

对如图 5.1（c）所示构造的图，求解最小生成树的运行结果如图 5.13 所示。

```
 输入图的顶点数和边数:4,5
 请输入4个顶点序号，顶点序号从1开始：
1
2
3
4
 请输入5条无向边（输入格式：顶点下标，顶点下标，权值）<回车>
请输入第1条边:1,2,3
请输入第2条边:1,4,6
请输入第3条边:2,3,5
请输入第4条边:2,4,4
请输入第5条边:3,4,3
成功构造一个带权图,所构造的图为：
  顶点：  V1    V2    V3    V4
  邻接矩阵为：
    ∞    3    ∞    6
    3    ∞    5    4
    ∞    5    ∞    3
    6    4    3    ∞
 kruskal算法求图的最小生成树,最小生成树为：
(1 2 3)
(2 4 4)
(4 3 3)
 prim算法求图的最小生成树,最小生成树为：
(1 2 3)
(2 4 4)
(4 3 3)
Press any key to continue
```

图 5.13　求图 5.1（c）的最小生成树

5.5　实验四 拓扑排序

5.5.1　预备知识

1．定　义

AOV 网：在一个有向图中，若用顶点表示活动，有向边表示活动间先后关系，称该有向图为顶点表示活动的网络(Activity On Vertex network)，简称为 AOV 网。

拓扑序列：有向图 G=(V,E)，对于 V 中顶点的线性序列$(v_{i1},v_{i2},\cdots,v_{in})$，如果在 G 中从顶点 v_i 到 v_j 有一条路径，则在序列中顶点 v_i 必在顶点 v_j 之前，则称该序列为 G 的一个拓扑序列(Topological order)。

拓扑排序：构造有向图的一个拓扑序列的过程称为拓扑排序。

2．拓扑排序算法

算法思想：当某个顶点的入度为 0 时，就将此顶点输出，将其邻接点的入度减 1；然后继续重复以上操作，直到 AOV 网中所有顶点都被输出或网中不存在入度为 0 的顶点。为了避免重复检测入度为零的顶点，可设立一个栈（或队列），存放入度为 0 的顶点。

算法描述（邻接表存储）：

（1）输入顶点和边，建立 AOV 网的邻接表，将邻接表中入度为零的顶点入栈。

（2）当栈不空时：

1）取栈顶的顶点 j 输出并出栈。

2）在邻接表中，查找顶点 j 的所有邻接点 k，将 k 的入度减 1。若 k 的入度变为 0，则 k 进栈。

3）重复第 2 步。

4）当栈空时，若图的所有顶点都输出（输出的顶点个数等于 n），则拓扑排序过程正常结束；否则，有向图存在回路。

具体操作语句如下：

取入度为零的顶点 V；

```
While (V<>0)
{
     Printf(V);
     ++m;
     W=Firstadj(V);
     while (w<>0)
     {
          inDEgree[w]-1;
          w=nextadj(v,w);
     }
     取下一个入度为 0 的顶点 V；
}
If(m<n)
     printf("图中有回路");
```

5.5.2　实验目的

1. 熟练掌握图的基本存储方法和遍历方法。

2. 掌握 AOV 网的定义及应用，掌握拓扑排序算法。

5.5.3　实验内容

设计一个算法，并用 C 语言编写程序实现：对给定的一个任意的有向图进行拓扑排序，输出拓扑序列，并通过排序结果判断该图是否是一个无环的 AOV 网。

5.5.4　算法实现

【存储结构】

采用邻接表存储图，其存储结构如下：

```
#define MVNum 20 /*最大顶点数*/
typedef struct node
{   /*边结点结构*/
    int adjvex;          /*邻接点的存储下标*/
    struct node *next; /*下一个邻接点*/
} EdgeNode;
typedef struct vnode
{   /*顶点结构*/
    int vertex;          /*顶点信息*/
    int indegree;        /*入度*/
    EdgeNode *firstedge; /*指向第一个邻接点的指针*/
} VertexNode;
typedef VertexNode AdjList[MVNum];
typedef struct
{
        AdjList adjlist;
        int n, e;
} ALGraph;
```

【算法描述】

1.　构造图

调用函数 CreateGraph()，构造一个 AOV 网，其构造步骤如下：

（1）定义图的邻接表存储结构中顶点、边和图等数据类型。

（2）调用函数 CreateGraph()，输入顶点信息，并将顶点中指向边的指针初始化为空，输入边的信息：输入边所对应的两个顶点在顶点数组中的下标位置（i,j），生成一个边结点，插入到第 i 个链表中，将结点 V[j] 的入度加 1。

2.　拓扑排序

调用函数 TSequence()对所构造的 AOV 网进行拓扑排序，其步骤如下：

（1）初始化栈，然后将图中入度为 0 的顶点入栈；

（2）当栈不空时：

① 将栈顶元素 k 出栈,并输出顶点 V[k]，访问结点总数 m 加 1，从邻接表中找到 V[k]的所有邻接点，将其入度减 1，如果该顶点的入度变成了 0，则将其存储下标入栈。

② 重复上一步。

③ 如果 m 等于图中的结点总数，则拓扑排序成功，否则 AOV 网中存在环。

代码实现：

```
//5-4 拓扑排序
#include <stdio.h>
#include <stdlib.h>
#define FALSE 0
#define TRUE 1
#define Error printf
#define MVNum 20 /*最大顶点数*/
typedef struct node
```

```c
{   /*边结点结构*/
    int adjvex;             /*邻接点的存储下标*/
    struct node *next; /*下一个邻接点*/
} EdgeNode;
typedef struct vnode
{   /*顶点结构*/
    int vertex;             /*顶点信息*/
    int indegree;           /*入度*/
    EdgeNode *firstedge; /*指向第一个邻接点的指针*/
} VertexNode;
typedef VertexNode AdjList[MVNum];
typedef struct
{
    AdjList adjlist;
    int n, e;
} ALGraph;
int visited[MVNum];         /*访问标志域*/
typedef int DataType;
typedef struct
{ //栈类型定义
    int data[MVNum];
    int top;
}stack;   //顺序表类型
void Initstack(stack *s) /*初始化栈*/
{
    s->top = 0;
}
int stackEmpty(stack *s) /*判栈空*/
{
    if ( s->top==0)
        return 1;
    else
        return 0;
}
int stackFull(stack *s) /*判栈满*/
{
    return s->top == MVNum - 1;
}
void push(stack *s, DataType x)
{
    if (!stackFull(s))
    {
        s->data[s->top]=x;
        s->top++;
    }
    else
    {
        printf("栈满！ ");
        exit(1);
    }
}
DataType pop(stack *s) /*出栈*/
{
```

```c
        int temp;
        s->top--;
        temp = s->data[s->top ];
        return temp;
}
void CreateGraph(ALGraph *G)
{//创建一个 AOV 网
        int i, j, k;
        EdgeNode *s;
        printf(" 请输入顶点数和边数，输入格式：vn,en):");
        scanf("%d,%d", &(G->n), &(G->e));
        printf(" 请输入顶点值，输入格式： number<CR>):\n");
        for (i = 1; i <= G->n; i++)
        {
                printf(" 请输入第%d 个顶点： ",i);
                scanf("\n%c", &(G->adjlist[i].vertex));   // "\n%c"甚妙
                G->adjlist[i].firstedge = NULL;
                G->adjlist[i].indegree = 0;
        }
        printf(" 输入边，输入格式：i,j<CR>:\n");
        for (k =1; k <= G->e; k++)
        {
                printf(" 请输入第%d 条边： ",k);
                scanf("\n%d,%d", &i, &j);
                s = (EdgeNode *)malloc(sizeof(EdgeNode));
                s->adjvex = j;
                s->next = G->adjlist[i].firstedge;
                G->adjlist[i].firstedge = s;
                G->adjlist[j].indegree++; /*结点 j 的入度加 1*/
        }
}
void TSequence(ALGraph *G)
{
        stack s;
        Initstack(&s);
        EdgeNode *p;
        int i,j,k,m=0;
        int t[MVNum];
        for (i = 1; i <= G->n; i++)
                visited[i] = 0;
        for ( i = 1; i<= G->n; i++)
        {
                if (G->adjlist[i].indegree == 0 )
                        push(&s,i);
        }
        while(!stackEmpty(&s))
        {
                k=pop(&s);
                // printf("%d:V%c\n", k, G->adjlist[k].vertex);
                visited[k] = 1;
                m++;
                t[m]=k;
                p = G->adjlist[k].firstedge;
```

163

```
        while (p)
        { // 将当前结点指向的所有结点的入度减 1
            G->adjlist[p->adjvex].indegree--;
            if (G->adjlist[p->adjvex].indegree==0)
                push(&s,p->adjvex);
            p = p->next;
        }
    }
    if (m==G->n)
    {
        printf(" 拓扑排序成功\n");
        printf(" 拓扑序列为：");
        for (i=1;i<=m;i++)
        {
            j=t[i];
            printf("V%c     ", G->adjlist[j].vertex);
        }
        printf("\n");
    }
    else
    {
        printf(" 拓扑排序失败，AOV 网中存在环!\n");
        printf(" 拓扑序列中的顶点只有：");
        for (i=1;i<=m;i++)
        {
            j=t[i];
            printf("V%c     ", G->adjlist[j].vertex);
        }
        printf("\n");
    }
}
void DispAdj(ALGraph *G)
{ /*输出邻接表 G*/
    int i;
    EdgeNode *p;
    printf(" 图的邻接表表示：\n ");
    for (i=1;i<=G->n;i++)
    {
        p=G->adjlist[i].firstedge;
        printf("  V[%d]:    ",i);
        while (p!=NULL)
        {
            printf("%d",p->adjvex );
            if (p->next!=NULL)
                printf("->" );
            p=p->next ;
        }
        printf("\n");
    }
}
void main()
{
    ALGraph *G; /*定义一个图变量*/
```

```
G = (ALGraph *)malloc(sizeof(ALGraph));
G->n = 0;
G->e = 0;
CreateGraph(G);
DispAdj(G);
TSequence(G);//拓扑排序
}
```

【程序测试及结果分析】

1. 在程序运行窗口中，运行功能选项 1，创建一个 AOV 网。

2. 在程序运行窗口中，运行功能选项 2，对所生成的 AOV 网进行拓扑排序。

例如，对如图 5.14（a）和图 5.14（b）所示的 AOV 网，其拓扑排序的运行结果如图 5.15、图 5.16 所示。

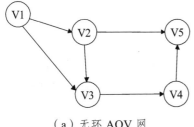
（a）无环 AOV 网

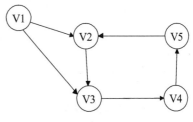
（b）有环 AOV 网

图 5.14　无环、有环 AOV 网

```
请输入顶点数和边数，输入格式：vn,en>:5,6
请输入顶点值，输入格式： number<CR>>:
请输入第1个顶点：1
请输入第2个顶点：2
请输入第3个顶点：3
请输入第4个顶点：4
请输入第5个顶点：5
输入边，输入格式：i,j<CR>:
请输入第1条边：1,2
请输入第2条边：1,3
请输入第3条边：2,3
请输入第4条边：2,5
请输入第5条边：3,4
请输入第6条边：4,5
图的邻接表表示：
  U[1]:    3->2
  U[2]:    5->3
  U[3]:    4
  U[4]:    5
  U[5]:
拓扑排序成功
拓扑序列为：V1  V2  V3  V4  V5
Press any key to continue
```

图 5.15　图 5.14（a）的拓扑排序结果

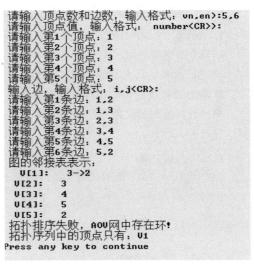

```
请输入顶点数和边数，输入格式：vn,en>:5,6
请输入顶点值，输入格式： number<CR>>:
请输入第1个顶点：1
请输入第2个顶点：2
请输入第3个顶点：3
请输入第4个顶点：4
请输入第5个顶点：5
输入边，输入格式：i,j<CR>:
请输入第1条边：1,2
请输入第2条边：1,3
请输入第3条边：2,3
请输入第4条边：3,4
请输入第5条边：4,5
请输入第6条边：5,2
图的邻接表表示：
  U[1]:    3->2
  U[2]:    3
  U[3]:    4
  U[4]:    5
  U[5]:    2
拓扑排序失败，AOU网中存在环!
拓扑序列中的顶点只有：V1
Press any key to continue
```

图 5.16　图 5.14（b）的拓扑排序结果

实验五　图的存储及遍历的应用
　　——求顶点间是否存在路径

实验六　最短路径求解

第 6 章

查　找

通过本章学习与实践，掌握顺序查找、二分法查找和索引查找的算法思想及程序实现方法；掌握二叉排序树的建立、静态查找和动态查找算法的算法思想及程序实现方法；掌握散列存储结构的思想，能选择合适的散列函数实现不同冲突处理方法的散列表的查找和建立；会计算并比较各种查找算法的平均查找长度；能运用线性表的查找方法解决实际问题。

6.1　预备知识

6.1.1　静态查找表的相关定义及查找表的类型定义

1. 查找表：由同一类型的数据元素（或记录）构成的集合。其中，可用来识别一个数据元素（记录）的某个数据项的值称为关键字。

2. 静态查找：只查找或检索，不改变集合内的数据元素。

3. 静态查找表的存储结构及类型定义

静态查找表一般采用顺序存储结构（顺序查找方法也可以采用链式存储结构），其抽象数据类型定义如下：

ADTstaticSearchTable{

数据对象 D：D 是具有相同特性的数据元素的集合，每个数据元素含有类型相同的关键字，可以唯一标记数据元素。

数据关系 R：数据元素同属一个集合。

数据操作：create(&ST,n);

destroy(&ST);

search(ST,key);

Traverse(ST,Visit());

}

采用顺序存储结构时，静态查找表的类型定义如下所示。

typedef　int ElemType;　//查找表中元素的类型，本章设置为 int 型

typedef struct

{

　　KeyType key; //查找表中元素的关键字类型

　　Otherkey ; 　//其它分量

}RecType; 　//查找表中记录类型

6.1.2　评估查找方法优劣的指标——平均查找长度（ASL）

1. 定义：平均查找长度（ASL）指为确定记录在查找表中的位置，需要和给定值进行比较的关键字的个数的期望值，即

$$ASL = \sum_{i=1}^{n} P_i C_i$$

其中：

n 为文件记录个数；

P_i 为查找第 i 个记录的查找概率，通常取等概率，即 $P_i =1/n$；

C_i 为找到第 i 个记录时，曾和给定值比较过的关键字的个数。

2. 物理意义：假设每一元素被查找的概率相同，则平均查找长度（ASL）指查找每一元素所需的比较次数之总和再取平均值。

6.1.3 静态查找算法描述

1. 顺序查找算法

定义：顺序查找算法又称线性查找，采用逐一比较的办法顺序查找关键字。

技巧：把待查关键字 key 存入表头或表尾（俗称"哨兵"），这样可以加快执行速度。

算法如下：

```
int seqsearch( stable ST, keytype key)
{
    int i;
    ST.elem[0].key=key;              //设置 0 号位置为监视哨
    for( i=ST.length ; ST.elem[i].key!=key ; i-- );
    return i;
}
```

2. 折半查找算法

（1）对所有的数据元素有序排列（如按升序排列），形成有序表。

（2）设给定值为 key，首先将 key 与有序表的正中元素关键字相比。若给定值比关键字值小，则缩小至左半部内查找；否则缩小至右半部内查找。每次缩小 1/2 的范围，然后在缩小范围的元素内取其中间值比较，直到查找成功或失败为止。即：

1）取中间记录作为比较对象，将 key 与中间记录的关键码比较，则：

key 等于中间记录的关键码：查找成功；

key 小于中间记录的关键码：在中间记录的左半区继续查找；

key 大于中间记录的关键码：在中间记录的右半区继续查找。

2）不断重复上述过程，直到查找成功，或所查找的区域无记录。

```
void search_Bin(SStable st ,Keytype Key)
{
    int mid,low=1,high=st.length;
    while(low<=high)
    {
        mid=(low+high)/2;
        if(key=st.elem[mid].key)
            return mid;
        else  if(st.elem[mid].key<Key)
                low=mid+1; //继续在后半区查找
            else
                high=mid-1;//继续在前半区查找
```

```
        }
        return 0;
}
```

3. 索引顺序查找算法

（1）将查找表分成若干子表（块），要求每个子表（块）中数据元素的关键字都比后一子表中数据元素的关键字小。

（2）将各子表中的最大关键字构成一个索引表，表中还要包含每个子表的起始地址，根据索引表的构造原则可知，索引表是有序表。

（3）查找分两步进行：

1）由索引表确定关键字所在的区域，由于索引表是有序表，可以用折半查找法；

2）在顺序表的某个子表中查找关键字，各子表的数据元素无序，采用顺序查找法；

```
int blk_search(int a[],IDX idx[],int v,int m)
{
        int low=0,high=m-1,mid,i,h;
        while(low<=high)
        {
                mid=(low+high)/2;
                if(v<idx[mid].key)
                        high=mid-1;
                else    if(v>idx[mid].key)
                                low=mid+1;
                        else
                        {
                                low=mid;
                                break;
                        }
        } //索引表中的查找
        if(low>=m)
                return(-1);
        i=idx[low].start;
        h=i+idx[low].len;
        while(i<h&&a[i]!=v)
                i++ ;
        if(a[i]!=v)
                i=-1;//顺序子表中的查找
        return(i);
}
```

6.2 实验一 静态查找算法实现

6.2.1 实验目的

1. 掌握顺序查找、折半查找和索引查找算法的算法思想及程序实现方法。

2. 计算并比较各种查找算法的平均查找长度。

3. 能运用线性表的查找方法解决实际问题。

6.2.2 实验内容

1. 生成查找表

要求：顺序查找算法采用顺序存储和链式存储两种存储结构；折半查找算法采用顺序存储结构；索引查找时索引表和分块表都采用顺序存储结构。

2. 分别对所生成的查找表进行顺序查找、折半查找和索引查找。

3. 分析各种查找算法的平均查找长度。

6.2.3 算法实现

【数据结构】

1. 顺序表的类型定义

```
typedef int KeyType;    //查找表中元素的类型，本章设置为 int 型
typedef struct
{
        KeyType    key;
}RecType;/*查找表中记录类型*/
```

2. 链表的类型定义

```
Typedef int Elemtype;
Typedef struct Cnode
{
        Elemtype data;
        struct Cnode *next;
}CNode;
```

3. 索引表的类型定义

```
typedef struct
{
        int key; //关键字
        int start;//块的起始地址
        int len;//块的元素个数
}IDX;
```

【算法描述】

1. 采用随机函数随机生成查找表中的整数，调用函数 initlist()构造链表和无序的顺序查找表；调用函数 bubbleSort()将顺序表排序，生成有序表；调用函数 index_table()将顺序表生成索引结构的查找表。索引表的构造中，输入数据块的数量，自动划分数据块后，程序会对数据作适当调整，以满足索引存储中的数据存储特点。

2. 调用函数 Listfind()，实现顺序存储的顺序查找法，在无序的顺序查找表中查找值为 X 的数据元素，程序中以 0 号位置作为哨兵位置，从后向前查找 X 第一次出现的位置，并记录其比较次数。

3. 调用函数 find_Two()，实现折半查找法在有序表中查找 X 的数据元素，并记录其比较次数。

4. 调用函数 blk_search()，实现索引查找法，在索引结构的查找表中查找 X 的数据元素，并记录其比较次数。

5. 计算每种查找算法的平均查找长度（ASL），并比较算法的优劣。

6. 调用函数 finddata()，实现链式存储的顺序查找法，在链表中查找值为 X 的数据元素。

【代码实现】

```
//6-1 静态查找算法实现
#include<iostream>
#include<stdio.h>
#include<stdlib.h>
#include <time.h>
#define ListSize 101
using namespace std;
typedef struct List
```

```
{ //查找表的存储结构
        int *data;
        int length;
        int listsize;
} sql;
typedef struct LNode
{ //链表的存储结构
        int    data;
        struct LNode *next;
}LNode, *LinkList;
LNode *Lc;
typedef struct
{    //索引表的存储结构
        int key; //关键字
        int start;//块的起始地址
        int len;//块的元素个数
}IDX;
//初始化链表，生成头结点
 void initList()
 {
        LinkList p;
        p=(LinkList)malloc(sizeof(LNode));
        p->next=NULL;
        Lc = p;
}
 //构造查找表
 //依次录入关键字值，生成顺序存储的查找表 La、Lb 和链式存储的查找表 Lc
void initlist( List *La, List *Lb,int j)
{//生成顺序查找表
        int e;
        LinkList q;
        La->data=(int *)malloc(ListSize*sizeof(int));//分配 La 的存储空间
        Lb->data=(int *)malloc(ListSize*sizeof(int));//分配 Lb 的存储空间
        int *p=La->data;
        int *r=Lb->data;
        int i=1;
        initList( );//初始化 Lc
        while(i<=j)
        {
                scanf("%d",&e);
                *(p+i)=e;
                *(r+i)=e;
                i++;
                q=(LinkList)malloc(sizeof(LNode));//头插入法生成链表
                q->data = e;
                q->next = Lc->next;
                Lc->next = q;
        }
        La->length=j;
        Lb->length=j;
}
```

```
//构造查找表
//随机产生关键字值，生成顺序存储的查找表 La、Lb 和链式存储的查找表 Lc
void initli( List *La, List *Lb,int j)
{//生成顺序查找表
    int e;
    LinkList q;
    La->data=(int *)malloc(ListSize*sizeof(int));//分配 La 的存储空间
    Lb->data=(int *)malloc(ListSize*sizeof(int));//分配 Lb 的存储空间
    int *p=La->data;
    int *r=Lb->data;
    int i=1;
    initList( );//初始化 Lc
    srand((unsigned int)(time(NULL)));
    for (i = 1; i <=j; i++)
    {
        //srand(655+i);
        e = rand()%99+1;//产生随机整数，并将其作为关键字存储到查找表中
        *(p+i)=e;
        *(r+i)=e;
        q=(LinkList)malloc(sizeof(LNode));//将关键字值采用头插入法插入到链表中
        q->data = e;
        q->next = Lc->next;
        Lc->next = q;
    }
    La->length=j;//设置 La 中的元素个数
    Lb->length=j;//设置 Lb 中的元素个数
}
//输出查找表中的关键字值
void prtL(List *La)
{
    for(int i=1;i<=La->length;i++)
    {
        printf("%d   ",La->data[i]);
    }
    printf("\n");
}
//输出链表中的关键字值
void printlk()
{
    LinkList p;
    p=Lc->next;
    while (p)
    {
        printf("%d   ",p->data);
        p = p->next;
    }
    printf("\n");
}
//生成索引表
void index_table(List *L,IDX idx[],int j)
{
```

```
        int key,r;
        int i=L->length,k=0,s;
        k=L->length /j;//计算每一块中的元素个数
        for(s=0;s<j;s++)//写入每一块的元素个数、起始位置和块中的最大值
        {
                idx[s].len=k;
                idx[s].start=k*s+1;
                idx[s].key=L->data[k*(s+1)];
        }
        key=L->length % j;
         if (key>=1) //将多余元素归为最后一个数据块
        {
                k=k+ (L->length % j);
                idx[j-1].len=k;
                idx[j-1].key=L->data[L->length];
        }
        for(s=0;s<j;s++)
        {
                if (idx[s].len>2)
                        r=idx[s].start+1;
                key= L->data[r];
                L->data[r]= L->data[r+1];
                L->data[r+1]=key;
        }
}
//顺序查找法查找元素,传入顺序表和要查找的元素 key
int Listfind(List *L,int key)
{
        int i=L->length,j=0,k=0;
        int *p,*q;
        q=L->data;
        *q=key;
        for(p=q+L->length;*p!=key;p--,i--);
                if(i!=0)
                {
                        printf(  "所查找元素存在, 其存储位置为: %d\n",i);
                        return L->length-i+1;   //返回比较次数
                }
                else
                {
                        printf("该元素不在此顺序表中\n");
                        return 0;//查找失败返回 0
                }
}
//折半查找法查找元素, 传入顺序表和要查找的元素 m
int find_Two(List *L,int m )
{
        int k=0;
        int low=1;
        int high=L->length;
        int mid=(low+high)/2;
```

```
        while(low<=high)
        {
                k++;//记录比较次数
                if(L->data[mid]==m)
                {
                        printf("查找成功！该元素所在位置为：%d\n",mid);
                        break;
                }
                else   if(L->data[mid]>m)
                        {
                                high=mid-1;
                                mid=(low+high)/2;
                        }
                        else
                        {
                                low=mid+1;
                                mid=(low+high)/2;
                        }
        }
        if(low>high)
        {
                printf("查找不成功！\n");
                k=0;
        }
        return k;//返回记录比较次数，如果查找失败，返回 0
}
//对查找表排序，形成有序表
void bubbleSort(List *L)
{
        int i, j , num , change;
        for(i = 1 ; i <= L->length; i ++ )
        {
                num =i;
                for( j = i + 1 ; j <= L->length ; j ++ )
                        if(L->data[j] < L->data[num])
                                num = j ;
                change = L->data[i] ;
                L->data[i] =   L->data[num];
                L->data[num] = change ;
        }
}
//菜单函数
void MenuList()
{
        printf("\n\n\n*******************************************\n");
        printf("***************       静态查找算法       **********\n");
        printf("**** 1   -------生成查找表                ****\n");
        printf("**** 2   -------顺序查找                  ****\n");
        printf("**** 3   -------折半查找                  ****\n");
        printf("**** 4   -------索引查找                  ****\n");
        printf("**** 5   -------分析平均查找长度          ****\n");
```

```
        printf("**** 6   -------链式存储的顺序查找              ****\n");
        printf("**** 0   -------结束运行                        ****\n") ;
        printf("**********************************************\n");
}
//索引查找法查找元素
int blk_search(List *L,IDX idx[],int m,int key )
{
        int low=0,high=m-1,mid,i,h,k=0;
        while(low<=high)   //确定查找元素所在的块
        {
                k++;//记录比较次数
                mid=(low+high)/2;
                if(key<idx[mid].key)
                        high=mid-1;
                else   if(key>idx[mid].key)
                                low=mid+1;
                        else
                        {
                                low=mid;
                                break;
                        }
        }
        if(low>=m)
                return(-1);
        i=idx[low].start;
        h=i+idx[low].len;
        while(i<h&& L->data[i]!=key) //块内顺序查找
        {
                i++ ;
                k++;//记录比较次数
        }
        if (L->data[i]==key)
                printf("查找成功！该元素所在位置为：%d\n",i);
        if(L->data[i]!=key)
        {
                k=-1;
                printf("查找不成功！该元素不在查找表中\n");
        }
        return(k);//返回记录比较次数
}
//链式存储的顺序查找
void finddata()
{
        int j=1,x;
        LinkList p;
        p=Lc->next;
        printf("请输入要查找的元素:");
        scanf("%d" ,&x);
        while( p&&p->data!=x)
        {
                j++;
```

174

```
                p=p->next;
        }
        if (p)
                printf(  "所查找元素存在，其存储位置为：%d\n",j);
        else
                printf("查找的元素不存在");
}
void asl_count( )
{
        List La,Lb;
        float asl;
        int i=50,b,r ,j;
        IDX idx[10];
        int a[10],num[3],sum[3];
        initli(&La,&Lb,i);
        bubbleSort(&Lb); //生成递增的有序表
        prtL(&La);
        printf("请输入 10 个要查找的关键字序列（查找表中存在的）：");
        for (b=0;b<10;b++)
                scanf("%d",&a[b]);
                //顺序查找
        num[0]=0;
        sum[0]=0;
        for (b=0;b<10;b++)
        {
                r=Listfind(&La,a[b]);
                if (r>0)
                {
                        num[0]=num[0]+1;
                        sum[0]=sum[0]+r;
                }
                else
                        printf("未找到第%d 个要查找的关键字\n",a[b]);
        }
        //折半查找
        num[1]=0;
        sum[1]=0;
        bubbleSort(&Lb);
        for (b=0;b<10;b++)
        {
                r=find_Two(&Lb,a[b]);
                if (r>0)
                {
                        num[1]=num[1]+1;
                        sum[1]=sum[1]+r;
                }
                else
                        printf("未找到第%d 个要查找的关键字\n",a[b]);
        }
        //索引查找
        num[2]=0;
```

175

```c
        sum[2]=0;
        bubbleSort(&Lb);
        //printf("请输入分块数量（2-5 之间）:");
        //scanf("%d",&j);
        j=4;//索引查找的块设置为 4
        index_table(&Lb,idx,j);
        for (b=0;b<10;b++)
        {
            r=blk_search(&Lb, idx,j,a[b]);
            if (r>0)
            {
                num[2]=num[2]+1;
                sum[2]=sum[2]+r;
            }
            else
                printf("未找到第%d 个要查找的关键字\n",a[b]);
        }
        printf("num[0]=%d        sum[0]=%d     \n",num[0],sum[0]);
        asl=(float)sum[0]/num[0];
        printf("顺序查找的平均查找长度=%.2f    \n",asl);
        printf("num[1]=%d        sum[0]=%d     \n",num[1],sum[1]);
        asl=(float)sum[1]/num[1];
        printf("折半查找的平均查找长度=%.2f    \n",asl);
        printf("num[2]=%d        sum[2]=%d     \n",num[2],sum[2]);
        asl=(float)sum[2]/num[2];
        printf("索引查找的平均查找长度=%.2f    \n",asl);
}
void main()
{
        List La,Lb;
        float    asl;
        int i=100,j=0,r,key,b;
        IDX idx[10];
        int a[10],num[3],sum[3];
        MenuList();
        while(i!=0)
        {
            printf("请输入选择:");
            scanf("%d" ,&i);
            if(i==1)
            { //生成查找表
                printf("生成查找表\n");        //生成表 La
                printf("请您输入顺序表的长度：");
                scanf("%d",&j);
                initli(&La,&Lb,j);                //打印表 La
                printf("顺序查找表为：");
                prtL(&La);
            }
            if(i==2)
            { //顺序查找
                printf("****顺序查找法查找元素***\n");
```

```
                printf("请输入您需要查找的关键字（整数）:");
                scanf("%d",&key);
                r=Listfind(&La,key);
                if(r!=0)
                        printf(   "共比较了：%d 次\n",r);
                else
                        printf("该元素不在此顺序表中\n");
        }
        if(i==3)
        {//折半查找
                printf("****折半查找法查找元素***\n");
                printf("递增的有序表为：\n");
                bubbleSort(&Lb); //生成递增的有序表
                prtL(&Lb);//输出有序表中的元素
                printf("请输入要查找的元素（整数）: ");
                scanf("%d",&key);
                r=find_Two(&Lb,key);
                if (r>=1)
                        printf(   "比较了：%d 次\n",r);
                else
                        printf("该元素不在索引表中\n");
        }
        if(i==4)
        {//索引查找
                printf("****索引查找法查找元素***\n");
                bubbleSort(&Lb);
                prtL(&Lb);
                printf("请输入分块数量（2-5 之间）:");
                scanf("%d",&j);
                index_table(&Lb,idx,j);
                prtL(&Lb);
                printf("请输入查找的元素（整数）: ");
                scanf("%d",&key);
                r=blk_search(&Lb, idx,j,key);
                if (r>=1)
                        printf(   "比较了：%d 次\n",r);
                else
                        printf("该元素不在索引表中\n");
        }
        if(i==5)
                asl_count( );//分析各算法的平均查找长度
        if(i==6)
        {//链式存储的顺序查找
                printf("链表中的元素为：\n");
                printlk( );
                finddata() ;
        }
    }
}
```

【程序测试及结果分析】

1. 程序的主要功能和运行初始主界面如图 6.1 所示

图 6.1　静态查找算法实验运行主界面

2. 运行功能选项 1，采用随机函数随机生成整数，创建查找表。运行功能选项 2，对所生成的查找进行顺序查找，运行结果如图 6.2 所示。

```
请输入选择:1
生成查找表
请您输入顺序表的长度:20
顺序查找表为:26 83 33 53 60 57 70 68 86 4 76 10 21 94 86 36 46
85 88 90
请输入选择:2
****顺序查找法查找元素***
请输入您需要查找的关键字（整数）:68
所查找元素存在,其存储位置为:8
共比较了:13 次
请输入选择:3
```

图 6.2　顺序查找表的生成和顺序查找运行结果

3. 输入功能选项 3，程序会先对顺序查找表进行排序，然后进行折半查找。输入功能选项 4，程序会先生成索引查找表，然后对所生成的索引查找表进行索引查找。运行结果如图 6.3 所示。

```
请输入选择:3
****折半查找法查找元素***
递增的有序表为:
4  10 21 26 33 36 46 53 57 60 68 70 76 83 85 86 86 88 90 94
请输入要查找的元素（整数）: 68
查找成功! 该元素所在位置为:11
比较了:4 次
请输入选择:4
****索引查找法查找元素***
4  10 21 26 33 36 46 57 53 60 68 70 76 85 83 86 86 88 90 94
请输入分块数量(2-5之间):3
4  21 10 26 33 36 46 57 53 60 68 70 76 85 83 86 86 88 90 94
请输入查找的元素（整数）: 68
查找成功! 该元素所在位置为:11
比较了:6 次
```

图 6.3　折半查找和索引查找运行结果

4. 输入功能选项 5，随机生成 50 个关键字的查找，并从中随机挑选 10 个关键字进行查找，计算各种算法的平均比较次数，查找表及查找的关键字如图 6.4 所示，运行结果分析如图 6.5 所示。

```
请输入选择:5
42  88 14 2  28 85 11 75 47 41 47 67 31 83 82 17 85 1  14 97 46
80  48 42 74 62 9  74 89 5  63 54 84 41 1  69 59 40 63 98 11 6
6  46 53 96 26 46 38 33 9
请输入10个要查找的关键字序列（查找表中存在的）: 14 2 85 97 11 6 26 46 33 80
```

图 6.4　查找表及查找的关键字

```
num[0]=9     sum[0]=194
顺序查找的平均查找长度=21.56
num[1]=9     sum[0]=38
折半查找的平均查找长度=4.22
num[2]=9     sum[2]=78
索引查找的平均查找长度=8.67
```

图 6.5　各种查找方法的平均查找长度比较

178

5. 输入功能选项 6，对所生成的链表进行顺序查找，运行结果如图 6.6 所示。

```
请输入选择:6
链表中的元素为:
22  86  51  85  74  56  78  63  32  84  97  99  12  45  86  49  36  18  96  90

请输入要查找的元素:45
所查找元素存在，其存储位置为: 14
```

图 6.6 链表的顺序查找

6.3 实验二 二叉排序树的相关操作

6.3.1 预备知识

1. 相关定义及存储结构

动态查找：查找过程中，既要查找元素，又会改变集合内的数据元素。

二叉排序树：是一棵空树，或者是具有如下性质的非空二叉树：

如果左子树不空，则左子树上的所有结点均小于根的值；

如果右子树不空，则右子树上的所有结点均大于根的值；

左右子树均为二叉排序树。

二叉排序树的存储结构及类型定义

二叉排序树一般采用二叉链表存储，其存储结构类型定义如下：

```c
typedef struct node
{
    int key; //查找关键字
    struct node *lChild, *rChild;//左右子树
}Node, *BST,BiTree;
```

2. 二叉排序树算法

1）构造二叉排序树

算法思想：对于已给定的一个待排序的数据序列，通常采用逐步插入结点的方法来构造二叉排序树，即只要反复调用二叉排序树的插入算法即可。

```c
BiTree  *Creat (int  n)   //建立含有 n 个结点的二叉排序树
{
    BiTree *BST= NULL;
    for (  int  i=1;  i<=n; i++)
    {
        scanf("%d",&x);          //输入关键字序列
        insertBST(BST,x);//二叉排序树的插入算法，见后续内容。
    }
    return (BST);
}
```

2）二叉排序树的静态查找算法

算法思想：

（1）若二叉排序树为空，则查找失败。

（2）若二叉排序树非空，则：

① 首先将根结点值与待查值进行比较，若相等则查找成功。

② 若根结点值大于待查值，则进入左子树重复此步骤；否则，进入右子树重复此步骤。

③ 若在查找过程中遇到二叉排序树的叶子结点时，还没有找到待查结点，则查找失败。

递归算法：

```
NODE *search(NODE t, int    x)
{
    if(t==NULL)
        return(NULL);
    else
    {
        if(t->data==x)
            return(t);
        if(x<(t->data)
            return(search(t->lchild,x));
        else
            return(search(t->rchild,x));
    }
}
```

非递归算法：

```
NODE *search(NODE *t,int    x)
{
    NODE *p;
    p=t;
    while(p!=NULL)
    {
        if(p->data==x)
            return(p);
        else   if(x<p->data)
                p=p->lchild;
            else
                p=p->rchlid;
    }
    printf(" 找不到值为%x 的结点!",x);
    return(NULL);
}
```

3）二叉排序树的插入（动态查找）算法

算法思想：若二叉排序树为空，则被查结点为新的根节点；否则，作为一个新的叶子结点插入在由查找返回的位置上。

```
int   InsertBST（BiTree *p,int   key）//用返回值判断插入是否成功
{//当二叉树 T 中不存在关键字等于 key 的数据元素时，插入 key 并返回 1，否则返回 0
    if(p==NULL)
    {
        p=(BTNode*)malloc(sizeof(BTNode));
        p->key=key;
        p->lchild=p->rchild=NULL;
        return 1;//成功插入
    }
    else   if(p->key==key)
            return 0;//已经存在相同值的结点，插入失败
        else
        {
            if(key < p->key)
```

```
                    return BSTInsert(p->lchild,key);//去左子树
                if(key > p->key)
                    return BSTInsert(p->rchild,key);//去右子树
            }
}
```

4）二叉排序树的删除算法

```
bool DeleteBST (BiTree &T, int   key )
{// 若二叉查找树 T 中存在关键字等于 key 的数据元素时，则删除
    if (!T)
        return FALSE;              // 不存在关键字等于 kval 的数据元素
    else   if (key == T->data.key) )
        {
            DeleteNode (T);     // 找到关键字等于 kval 的数据元素
            return TRUE;
        }
        else   if (key < T->data.key)
                return DeleteBST ( T->lchild, kval );         //返回在左子树上查找的结果
            else
                return DeleteBST ( T->rchild, kval );
}
```

其中删除操作过程如下所描述：

```
void DeleteNode ( BiTree &p )
{ // 从二叉查找树中删除结点 p，并重接它的左或右子树
    if (!p->rchild) {// 右子树空则只需重接它的左子树
        q = p; p = p->lchild; delete q ;   }
    else   if (!p->lchild) {    // 只需重接它的右子树
            q = p; p = p->rchild; delete q; }
        else
        {    // 左右子树均不空
            q = p; s = p->lchild;
            while (!s->rchild)
            {
                q = s;
                s = s->rchild;
            }
            p->data = s->data;     // s 指向被删结点的前驱
            if (q != p )
                q->rchild = s->lchild;
            else
                q->lchild = s->lchild;   // 重接 *q 的左子树
            delete s;
        }
}
```

6.3.2　实验目的

1. 掌握二叉排序树的查找和构造算法的算法思想及程序实现方法。
2. 能利用二叉排序树解决实际问题。

6.3.3　实验内容

1. 生成二叉排序树。
2. 中序遍历二叉排序树，得到一个有序序列。

3. 静态查找：在所生成的二叉排序树中查找值为 X 的元素，如果找到则输出查找成功，否则输出查找失败。

4. 动态查找：在所生成的二叉排序树中查找值为 X 的元素，如果没有找到则将 X 插入到二叉排序树中，如果找到则输出元素 X；从二叉排序树中查找值为 X 的元素，如果找到则删除值为 X 的元素。

5. 求出二叉排序树 T 中小于 x 的最大元素和大于 x 的最小元素。

6.3.4　算法实现

【数据结构】

二叉排序树存储结构：

```
typedef struct node
{
    int key; //查找关键字
    struct node *lChild, *rChild;//左右子树
}Node, *BST,BiTree;
```

平衡二叉树存储结构：

```
typedef struct BiTNode
{
    int data;
    int bf;
    struct BiTNode* lchild, *rchild;
}BiTNode, *BiTree;
```

【算法描述】

1. 初始化一棵空的二叉排序树 T。

2. 调用函数 create()，构造一棵二叉排序树。在此函数中，首先输入元素 x，调用函数 insert()在二叉排序树 T 查找 x,如果找到则返回，如果没找到则将 x 作为一个叶子结点插入到二叉排序树 T 中。

3. 调用函数 inOrder()，对构造的二叉树进行中序遍历，验证其是否是一个有序序列，如果是则二叉排序树 T 生成正确。

4. 调用函数 search()，对二叉排序树进行静态查找。

5. 动态查找：输入一个关键字值 key，调用函数 search()，在二叉排序树 T 中查找，如果找到则删除，如果未找到则输出"查找失败"并将 key 插入到二叉排序树 T 中。

6. 查找二叉树中值在某个区间的关键字值。

【代码实现】

```
//6-2 二叉排序树的相关操作
#include<stdio.h>
#include<stdlib.h>
#define MAX 100
typedef struct tnode
{
    int data;
    struct tnode *lchild, *rchild;
}TNODE;
void inOrder(TNODE *ptr);　//中序遍历
TNODE *root=NULL;//所创建的二叉排序树，全局变量
int fx=0;
//中序遍历二叉排序树，得到一个有序序列
void inOrder(TNODE *ptr)
```

```
    {
        if(ptr!=NULL)
        {
            inOrder(ptr->lchild);//中序遍历左子树
            printf("%d ", ptr->data);//输出结点值
            inOrder(ptr->rchild);//中序遍历右子树
        }
    }
//在二叉排序树中插入一个新结点
void insert(int m)
{
    TNODE *p1, *p2;
    if(root==NULL) //二叉排序树为空时，插入结点为根结点
    {
        root=(TNODE *)malloc(sizeof(TNODE));
        root->data=m;
        root->lchild=root->rchild=NULL;
    }
    else
    {
        p1=root;
        while(m!=p1->data)
        {
            if((m<p1->data) && (p1->lchild!=NULL))
                p1=p1->lchild; //往二叉排序树左子树方向走
            else if((m>p1->data) && (p1->rchild!=NULL))
                    p1=p1->rchild; //往二叉排序树右子树方向走
                else if((m<p1->data) && (p1->lchild==NULL))
                {//当前结点左子树为空，插入结点为当前结点的左孩子
                    p2=(TNODE *)malloc(sizeof(TNODE));
                    p2->data=m;
                    p2->lchild=p2->rchild=NULL;
                    p1->lchild=p2;
                    return;
                }
                else if((m>p1->data) && (p1->rchild==NULL))
                {//当前结点右子树为空，插入结点为当前结点的右孩子
                    p2=(TNODE *)malloc(sizeof(TNODE));
                    p2->data=m;
                    p2->lchild=p2->rchild=NULL;
                    p1->rchild=p2;
                    return;
                }
        }
    }
}
void create()//创建二叉排序
{
    int n, i;
    int k;
```

```
        printf("请输入二叉排序树中的关键字个数:\n");
        scanf("%d", &n);
        printf("请依次输入二叉排序树中的关键字:\n");
        for(i=0; i<n; i++)
        {
                scanf("%d",&k);//输入二叉排序树中的关键字
                insert(k);
        }
}
//静态查找二叉排序，查找是否存在值为 m 的元素
int search(int m)
{
        TNODE *p1;
        if(root==NULL)
        {
                printf("该二叉排序树为空树，查找不成功。\n");
                return 0 ;
        }
        else
        {
                p1=root;
                while(m!=p1->data)
                {
                        if((m<p1->data) && (p1->lchild!=NULL))
                                p1=p1->lchild;
                        else   if((m>p1->data) && (p1->rchild!=NULL))
                                        p1=p1->rchild;
                                else
                                        //if(((m<p1->data) && (p1->lchild==NULL))
                                        //||((m>p1->data) && (p1->rchild==NULL))
                                {
                                        printf("查找不成功。\n");
                                        return 0;
                                }
                }
        }
        printf("查找成功\n");
        return 1;
}
//求小于 a 的最大元素和大于 a 的最小元素
void findMax (int a, TNODE *p)
{
        if(p!=NULL)
        {
                findMax (a, p->lchild);
                if(fx<a && p->data>=a)          //找到小于 a 的最大元素
                        printf("小于%d 的最大元素=%d\n",a,fx);
                if(fx<=a && p->data>a)          //找到大于 a 的最小元素
                        printf("大于%d 的最小元素=%d\n",a,p->data);
                fx=p->data;
```

```
                    findMax(a, p->rchild);
              }
      }
//删除结点函数
int deleteNode(TNODE **b)
{
      TNODE *p,*s;
      if((*b)->lchild == NULL )
      {   //被删除结点的左子树为空
              p = (*b);
              (*b) = (*b)->rchild;
              free(p);
      }
      else   if((*b)->rchild == NULL)
              {//被删除结点的右子树为空
                    p = (*b);
                    (*b) = (*b)->lchild;
                    free(p);
              }
              else
              {   //被删除结点的左、右子树均不为空
                    p = (*b);
                    s = (*b)->lchild;
                    while(s->rchild != NULL)
                    {
                            p = s;
                            s = s->rchild;
                    }
                    (*b)->data = s->data;
                    if(p != (*b))
                            p->rchild = s->lchild;
                    else
                            p->lchild = s->lchild;
                    free(s);
                    return 1;
              }
}
//在二叉排序树中删除值为 key 的关键字值
int deleteK(TNODE **b,int key)
{
      if(!*b)
              return 0;
      else   if((*b)->data == key){ //结点值等 key，则调用删除结点函数
                      return deleteNode(&(*b));
              else   if((*b)->data > key)
                              return deleteK(&(*b)->lchild,key);
                      else
                              return deleteK(&(*b)->rchild,key);
}
//菜单函数
```

185

```c
void MenuList()
{
    printf("\n\n\n***************************************************\n");
    printf("***************          二叉排序树          ***********\n");
    printf("***** 1   ------生成二叉排序树                    ****\n");
    printf("***** 2   ------中序遍历二叉排序树                ****\n");
    printf("***** 3   ------查找值为 X 的元素（静态查找）     ****\n");
    printf("***** 4   ------查找值为 X 的元素，不存在则插入   ****\n");
    printf("***** 5   ------求小于 x 的最大元素和大于 x 的最小元素****\n");
    printf("***** 6   ------查找值为 X 的元素，找到则删除     ****\n");
    printf("***** 0   ------结束运行                          ****\n") ;
    printf("***************************************************\n");
}
void   main()
{
    int i=100,key,j;
    system("color E0");
    MenuList();
    while(i!=0)
    {
        printf("请输入选择:");
        scanf("%d" ,&i);
        if(i==1)
        { //生成查找表
            root=NULL;
            create();
            printf("\n");
        }
        if(i==2)
        { //生成查找表
            printf("中序遍历序列为:");
            inOrder(root);
            printf("\n");
        }
        if(i==3)
        {
            printf("请输入要查找的关键字值:");
            scanf("%d" ,&key);
            search(key);
        }
        if(i==4)
        {
            printf("请输入要查找（插入）的关键字值:");
            scanf("%d" ,&key);
            j=search(key);
            if (j==1)
                printf("\n");
            else
            {
                insert(key);
                printf("已经将关键字：%d   插入到二叉排序树中\n",key);
```

```
            }
        }
        if(i==5)
        {
            printf(" 求小于 x 的最大元素和大于 x 的最小元素\n");
            printf("请输入关键字值:");
            scanf("%d" ,&key);
            findMax(key, root);
        }
        if(i==6)
        {
            printf(" 输入要删除的关键字值：");
            scanf("%d" ,&key);
            printf("\n");
            j=search(key);
            if (j==0)
                printf("二叉排序树中不存在被删除元素: %d \n",key);
            else
            {
                deleteK(&root, key);
                printf("删除成功  \n",key);
            }
        }
    }
    return;
}
```

【程序测试及结果分析】

1. 程序中的主要功能及运行初始界面如图 6.7 所示。

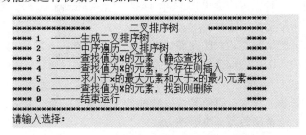

图 6.7　程序主要功能及运行初始界面

2. 运行功能选项 1，输入关键字的个数，并依次输入每个关键字的值，构造一棵二叉排序树。运行功能选项 2，对所构造的二叉树进行中序遍历，验证遍历序列是否是有序序列。其运行结果如图 6.8 所示。

3. 依次运行功能选项 3～6，对构造的二叉排序树进行静态查找、动态查找（插入、删除）、查找值大于 X 的最小元素和小于 X 的最大元素，其运行结果如图 6.9 所示。

```
请输入选择:1
请输入二叉排序树中的关键字个数:
8
请依次输入二叉排序树中的关键字:
12 23 15 18 35 45 25 56 70

请输入选择:请输入选择:2
中序遍历序列为:12 15 18 23 25 35 45 56
```

图 6.8　构造二叉排序树并中序遍历二叉排序树

```
请输入选择:3
请输入要查找的关键字值:25
查找成功
请输入选择:3
请输入要查找的关键字值:20
查找不成功。
请输入选择:4
请输入要查找（插入）的关键字值:30
查找不成功。
已经将关键字：30  插入到二叉排序树中
请输入选择:2
中序遍历序列为:12 15 18 23 25 30 35 45 56
请输入选择:5
 求小于x的最大元素和大于x的最小元素
请输入关键字值:30
小于30的最大元素=25
大于30的最小元素=35
请输入选择:6
 输入要删除的关键字值：30

查找成功
删除成功
```

图 6.9　二叉排序树的静态查找和动态查找

6.4　实验三　哈希表的基本操作及应用

6.4.1　哈希表的预备知识

1. 相关定义及存储结构

哈希表：根据设定的哈希函数 H(key)和处理冲突的方法将一组关键字映像到一个有限的连续的地址集（区间）上，并以关键字在地址集中的“像”作为记录在表中的存储位置，这种表便称为哈希表。

哈希表的查找过程：首先对表项的关键字进行函数计算，把函数值当作表项的存储位置，在结构中按此位置取表项比较：若关键字相等，则查找成功；若关键字不相等，则按冲突处理算法查找下一个位置。

冲突：在哈希地址计算时，可能会出现不同的关键字值其哈希函数计算的哈希地址相同，但同一个存储位置只能存储一个记录，这种情况称为冲突。

哈希函数：记录的关键字值与记录的存储位置对应起来的关系函数 H(k)。

哈希函数的构造方法：常用的构造方法有直接定址法、数字分析法、平方取中法、折叠法、除留余数法，等等。

处理冲突的方法：开放地址法、再哈希法、链地址法、建立一个公共溢出区等。

哈希表的存储结构、哈希函数及冲突处理方法

（1）哈希函数采用 Hash(key)=key mod m，冲突处理方法采用线性探测再散列法，哈希表的存储结构类型定义如下所示：

```
struct hash
{
      int elem []; /哈希表的基地址
      int length; //哈希表的表长
      int num；//哈希表的元素个数
}hstable;
```

（2）哈希函数采用 h(k)=key mod m，冲突处理方法采用链地址法时，哈希表的存储结构类型定义如下所示：

```
typedef struct HTNode
{
      int elem;            // 记录域
```

```
        struct HTNode *next;              // 指针域
} HTNode;
typedef HTNode *HashL [HashT_Size];
```

2. 哈希表相关操作算法

1）构造哈希表

算法思想如下：

（1）输入哈希表中的关键字等参数，然后重复第 2 步、第 3 步操作。

（2）调用哈希表的查找算法，在当前哈希表中查找第 i 个元素：如果查找成功，则直接返回；如果查找失败且还有表空间，则进行第 3 步。

（3）计算哈希地址，如果没有冲突，则直接将该元素插入到哈希表；如果有冲突，则进行冲突处理后再将该元素插入到哈希表。

```
void CreatHashTable( List *La )
{
        int i,j,K,h2,num;
        int h[TableSize];
        scanf("%d",&p);// 输入哈希函数(hash(key)=key mod p)中的 p 值
        for (i=0;i<La->num;i++) //输入哈希表的关键字
                scanf("%d",&h[i]);
        num=La->num;
        for (i=0;i<num;i++)
        {
                j=HashSearch(La, h[i],p);//在哈希表中查找关键字
                printf("h[i]=%d    ;   j=%d    \n",h[i],j);
                if (j==-1) //表已经满,不能再插入值
                        return;
                if (j==1) //表中已经存在该关键字
                        La->num=La->num-1;// 哈希表中关键字个数减 1
                if (j==0)
                {
                        h2= K%p; //计算哈希地址
                        if (La->data[h2]==NULLKEY) //没有冲突，直接插入
                                La->data[h2]=K;
                        else
                        {
                                h2=colls(La, h[i],p) //计算新地址，并插入到哈希表中
                                La->data[h2]=K;
                        }
                }
        }
}
```

2）哈希表的查找算法（线性探测再散列法处理冲突）

算法思想如下：

（1）根据所设定的哈希函数及给出的关键字 key，计算其哈希地址 j。

（2）若 H.elem[j]== key，则查找成功；否则，按所设定的冲突处理方法查找下一个地址,直到某个关键字比较相等，或者找到某个地址为空，或者整个哈希表的每个地址都已经探测一遍。

（3）若查找成功，用 p 指示待查记录在表中的位置，并返回 1；若找到某个地址为空，则查找失败，以 p 指示插入位置,并返回 0；若整个哈希表已经探测一遍，则查找失败且表已经满，返回-1。

189

```
int   SearchHash (hstable H,   int key, int   q)
{  // 在开放地址法处理冲突的哈希表 H 中查找关键码为 key 的元素,若查找成功, 返回 1;
//查找失败，返回 0，p 为除留余数法中的除数；
//若表已满，则返回-1;
        int c=1，p;//记录比较次数
        p = Hash(key);                          // 求得哈希地址
        while ( (H.elem[p]!=NULL)     // 该位置中填有记录
          && ( H.elem[p]!= key) // 并且关键字不相等
          &&   (c<= H.length) )// c 小于等于表长
        {
            p = (  Hash(key)+ c ) mod   H.length;      // 地址加 di
            c ++;
        }
        if ( H.elem[p] == key )
            return 1;        // 查找成功，p 返回待查记录位置
        else   if (H.elem[p] == NULL)
                    return 0; // 查找不成功(H.elem[p] == NULL)，p 返回的是插入位置
                else
                return  -1;     //查找不成功且表已满。
} // SearchHash
```

3）哈希表的查找算法（拉链法处理冲突）

算法思想如下：

（1）根据所设定的哈希函数及给出的关键 key，计算其哈希地址 j。

（2）在第 j 个同义词链表中顺序查找： 如果找到关键字值等于 key 的元素，则查找成功，返回指向该记录结点的指针；否则，返回空指针。

```
HTNode *HashSearch_Open(HashL T,int key, int   m)
{ // 在链地址法处理冲突的哈希表 T 上查找关键字值等于 key 的元素
// 若查找成功，返回其记录结点指针；否则返回空指针
//m 为同义词个数
        j=Hash(key,m);   // 计算关键字 key 的哈希地址
        p=T[j];
        while((p!=NULL)&&(p->elem!= key))
                p=p->next;
        if(p-> elem == key)
            return p;          // 查找成功，返回待查记录结点指针
        else
            return   NULL;   // 查找失败
}
```

6.4.2 实验目的

1. 熟悉有关哈希表的基本概念，熟悉哈希函数的构造方法，掌握哈希冲突的处理方法。

2. 熟悉构造哈希表的方法。

3. 能用哈希表解决实际问题。

6.4.3 实验内容

1. 采用除留余数法作为哈希函数，分别采用开放地址法和链地址法两种处理冲突的方法，设计一种哈希表存储结构，输入一批关键字集合，建立哈希表。

2. 实现哈希表的基本操作：创建、销毁、读取元素个数、置空、判空、插入、删除等。

3. 在哈希表中查找指定元素。

6.4.4 算法实现

【数据结构】

1. 哈希函数采用 Hash(key)=key mod m，冲突处理方法采用线性探测再散列法，哈希表的存储结构类型定义如下：

```
struct hash{
    int elem []; /哈希表的基地址
    int length; //哈希表的表长
    int num；//哈希表的元素个数
}hstable;
```

2. 哈希函数采用 h(k)=key mod m，冲突处理方法采用链地址法时，哈希表的存储结构类型定义如下：

```
typedef struct HTNode {
    int elem;           // 记录域
    struct HTNode *next;           // 指针域
} HTNode;
typedef HTNode *HashL [HashT_Size];
```

【算法描述】

1. 调用函数 initHash()生成采用开放地址法处理冲突的哈希表，调用函数 CreatHashTable()生成采用链地址法处理冲突的哈希表。采用开放地址法处理冲突的哈希表的构造过程：

① 确定哈希表的存储空间长度及哈希表的元素个数 N。

② 循环 N 次执行：输入元素 x，调用查找算法，在哈希表 T 中查找 x：如果找到，则返回；如果没找到，则将 x 插入哈希表。

2. 采用开放地址法处理冲突的哈希表的查找：输入一个关键字值 key，调用函数 HashSearch()，在哈希表中查找：如果找到，则输出"查找成功"；如果未找到，则输出"查找失败"。

3. 采用开放地址法处理冲突的哈希表中插入元素 X：输入一个关键字值 key，调用函数 HashSearch()，在哈希表中查找，如果未找到，则调用函数 inserthast1()将该关键字插入到哈希表。

4. 调用函数 SearchHash()，进行采用链地址法处理冲突的哈希表的查找。

5. 采用链地址法处理冲突的哈希表中插入元素 X：输入一个关键字值 key，调用函数 SearchHash()，在哈希表中查找，如果未找到，则调用函数 InsertHash()将该关键字插入到哈希表。

【代码实现】

```
//6-3 哈希表的基本操作及应用
#include <stdio.h>
#include <stdlib.h>
#define TableSize 100
#define   NULLKEY   0
typedef struct   Hstable
{//哈希表的存储结构
    int *data;//数据元素存储地址
    int Length;//当前容量
    int num;//当前元素个数
}hstable;
typedef struct Node
{
    int data;
    int Length;//链表个数
    struct Node *next;
```

```
}HNode;
hstable    hashtable;
HNode **HA;//  采用链地址法处理冲突的哈希表
 //哈希表的初始化
int initHash( Hstable *La )
{    //生成空的哈希表
     int i;
     La->data=(int *)malloc(TableSize*sizeof(int));//分配 La 的存储空间
     printf("请输入哈希表的表长 length 和元素个数 num\n");
     printf("表长 length=");
     scanf("%d",&La->Length);
     printf("元素个数 num=");
     scanf("%d",&La->num);
     if (La->Length<La->num)    //哈希表中关键字的个数不能大于当前表的空间长度
     {
             printf("哈希表的关键字个数大于表长,哈希表初始化失败\n");
             return 0;
     }
     else
     {
             int *p=La->data;
             for (i=0;i<La->Length;i++)
                  *(p+i)=NULLKEY; //初始化时，每个哈希地址的值都设置成 0
             return 1;
     }
}
 //计算关键字 k 的哈希地址
int Hash(int k,int p)
{
     int h;
     h=k%p;
     return h;
}
 //输出哈希表中的元素
void prtL( Hstable *La)
{
     printf("输出哈希表的关键字:\n");
     for(int i=0;i<La->Length;i++)
             printf("%d    ",La->data[i]);
     printf("\n");
}
//哈希查找，找到返回 1，未找到返回 0
int HashSearch1( Hstable *ht, int K,int p)
{
     int h0,di,hi; //di 为增长序列，hi 为冲突后的地址，h0 为初始地址
     h0=Hash(K,p);//根据哈希函数计算元素的初始地址
     if(ht->data[h0]==NULLKEY)//初始地址为空，元素不存在
             return 0;
     else    if(ht->data[h0]==K)//找到
                  return 1;
```

```
        else    // 发生冲突，用线性探测再散列法计算冲突后的地址
            for(di=1;di< ht->Length;di++)
            {
                hi=(h0+di)% ht->Length;//计算第 di 次冲突后的地址
                if(ht->data[hi]==NULLKEY)
                    return 0;
                else   if(ht->data[hi]==K)
                            return 1;
            }
    return -1;
}
//采用开放地址法处理冲突的哈希的查找
int HashSearch( Hstable *ht, int K,int p)
{
    int h0,di=0,hi; //di 为增长序列，hi 为冲突后的地址，h0 为初始地址
    h0=Hash(K,p);//根据哈希函数计算元素的初始地址
    hi=h0;
    while (di< ht->Length && ht->data[hi]!=NULLKEY)
    // 如果 di>0，发生冲突，用线性探测再散列法计算冲突后的地址
    {
        hi=(h0+di)% ht->Length;//计算第 di 次冲突后的地址
        if(ht->data[hi]==K)
                return 1;//查找成功，返回 1
        else
                di=di+1;
    }
    return 0;//查找失败，返回 0
}
//创建哈希表
void CreatHashTable1( Hstable *La,int p )
{
    int i,j,K,h0,h1,di,num;
    int h[TableSize];
    printf("请输入哈希表的%d 个关键字：",La->num);
    for (i=0;i<La->num;i++)
        scanf("%d",&h[i]);
    num=La->num;
    printf("\n");
    for (i=0;i<num;i++)
    {
        K= h[i];
        j=HashSearch(La, K,p);
        if (j==1)
        {
            printf("输入序列中关键字%d 有重复，元素个数 num 减 1\n",K);
            La->num=La->num-1;
        }
        if (j==0)
        {
            h0= K%p;
```

```
                    for(di=0;di<La->Length;di++)
                    {
                         h1=(h0+di) % La->Length;
                         if(La->data[h1]==NULLKEY)
                         {
                              La->data[h1]=K;
                              break;
                         }
                    }
               }
          }
     }
}
//创建采用开放地址法处理冲突哈希表
void CreatHashTable( Hstable *La,int p )
{
     int i,j,K,h0,h1,di,num;
     int h[TableSize];
     printf("请输入哈希表的%d 个关键字: ",La->num);
     for (i=0;i<La->num;i++)
          scanf("%d",&h[i]);
     num=La->num;
          printf("\n");
     for (i=0;i<num;i++)
     {
          K= h[i];
          j=HashSearch(La, K,p);
          if (j==1)
          {
               printf("输入序列中关键字%d 有重复,元素个数 num 减 1\n",K);
               La->num=La->num-1;
          }
          if (j==0)
          {
               h0= K%p;
               for(di=0;di<La->Length;di++)
               {
                    h1=(h0+di) % La->Length;
                    if(La->data[h1]==NULLKEY)
                    {
                         La->data[h1]=K;
                         break;
                    }
               }
          }
     }
}
//向采用开放地址法处理冲突的哈希表中插入元素
void inserthast1(Hstable *La,int k,int p)
{
     int h,r;
```

```
        h= k % p;
        if (La->Length==La->num)
        {
                printf("哈希表中已经没有存储空间，无法再插入元素!! \n");
                return;
        }
        else
                for(r=0;r<La->Length;r++)
                {
                        h=(h+r) % La->Length;
                        if(La->data[h]==NULLKEY)
                        {
                                La->data[h]=k;
                                La->num++;
                                break;
                        }
                }
}
//初始化采用链地址法处理冲突的哈希表
void InitHash( int length)
{
        int i;
        for(i=0;i<length;i++)
        {
                HA[i]=(HNode *)malloc(sizeof(HNode));
                HA[i]->data=i;
                HA[i]->next=NULL;
        }
}
//采用链地址法处理冲突的哈希表的查找
int SearchHash(HNode **Q,int k,int length)
{
        int key;
        HNode *p;
        key=k%length;
        if(Q[key]->next==NULL)
                return 0;
        else
        {
                p=Q[key]->next;
                while(p!=NULL)
                {
                        if(p->data==k)
                                return 1;
                        p=p->next;
                }
                return 0;
        }
}
//采用链地址法处理冲突的哈希查找
```

```
//输出采用链地址法处理冲突的哈希表的元素
void prtLH(HNode **Q, int m)
{
    HNode *p;
    for(int i=0;i<m;i++)
    {
        p=Q[i]->next;
        printf("第  %d  个链表:",i);
        while(p!=NULL)
        {
            printf("%d    ",p->data);
            p=p->next;
        }
        printf("\n");
    }
}
//采用链地址法处理冲突的哈希表的元素插入
void InsertHash(HNode **Q,int k,int length)
{
    int key;
    HNode *p,*q;
    key=k%length;
    if(Q[key]->next!=NULL)
    {
        p=Q[key]->next;
        while(p->next!=NULL)
            p=p->next;
        q=(HNode *)malloc(sizeof(HNode));
        q->data=k;
        q->next=NULL;
        p->next=q;
    }
    else
    {
        q=(HNode *)malloc(sizeof(HNode));
        q->data=k;
        q->next=NULL;
        Q[key]->next=q;
    }
}
//创建采用链地址法处理冲突的哈希表
void crateH( int p)
{
    int i,j,num,h[TableSize];
    printf("请输入哈希表的关键字个数： ");
    scanf("%d",&num);
    printf("\n");
    printf("请输入哈希表的关键字： ");
    for (i=0;i<num;i++)
        scanf("%d",&h[i]);
```

```
        printf("\n");
        for(i=0;i<num;i++)
        {
                j=SearchHash(HA, h[i], p);
                if (j==1)
                        printf("哈希表中已经存在关键 %d 个关键字，放弃本关键字插入\n",h[i]);
                else
                        InsertHash(HA,h[i],p);
        }
}
//菜单函数
void MenuList()
{
        printf("\n\n\n***********************************************\n");
        printf("***************        哈希表        **********\n");
        printf("**** 1   ------生成开放地址哈希查表           ****\n");
        printf("**** 2   ------开放地址哈希查表查找           ****\n");
        printf("**** 3   ------开放地址哈希查表中插入元素     ****\n");
        printf("**** 4   ------生成链地址法哈希表             ****\n");
        printf("**** 5   ------链地址法哈希表查找             ****\n");
        printf("**** 6   ------输出链地址法哈希表查找         ****\n");
        printf("**** 7   ------链地址法哈希表中插入元素       ****\n");
        printf("**** 0   ------结束运行                       ****\n") ;
        printf("*********************************************\n");
}
//主函数
void main()
{
        int i,j,x,choice=100,k,p;
        Hstable La;
        MenuList();
        printf("哈希函数为 hash(key)=key mod p,请输入 P 的值：");
        scanf("%d",&p);
        printf("\n");
        while(choice!=0)
        {
                printf("请输入操作选项:");
                scanf("%d" ,&choice);
                if(choice==1)
                { //生成采用开放地址法处理冲突的哈希表
                        j=initHash(&La);
                        if (j==1)
                        {
                                CreatHashTable(&La,p);
                                prtL(&La);
                                printf("哈希表生成成功\n");
                        }
                }
                if(choice==2)
                { //采用开放地址法处理冲突的哈希表的查找
```

```
        printf("请输入要查找的关键字的值：");
        scanf("%d",&k);
        printf("\n");
        j=HashSearch(&La, k,p);
        if (j==1)
            printf("查找成功\n");
        else
            printf("查找失败\n");
}
if(choice==3)
{ //采用开放地址法处理冲突的哈希表中插入元素 X
        printf("请输入要插入的关键字的值：");
        scanf("%d",&k);
        j=HashSearch(&La,k,p);
        if (j==1)
            printf("哈希表中已经存在该关键字，不能插入\n");
        else
        {
            inserthast1(&La, k,p);
            prtL(&La);
            printf("插入成功\n");
        }
}
if(choice==4)
{ //生成采用链地址法处理冲突的哈希表
        HA=(HNode **)malloc(sizeof(HNode*)*p);
        //申请一个指针型数组 A[n]
        InitHash( p );//初始化数组 A
        crateH( p );
}
if(choice==5)
{ //采用链地址法处理冲突的哈希表查找
        printf("请输入要查找的关键字的值：");
        scanf("%d",&k);
        j=SearchHash(HA, k, p);
        printf("\n");
        if (j==1)
            printf("查找成功\n");
        else
            printf("查找失败\n");
}
if(choice==6)
{ //输出采用链地址法处理冲突的哈希表
        prtLH(HA, p);
}
if(choice==7)
{ //采用链地址法处理冲突的哈希表中插入元素 X
        printf("请输入要插入的关键字的值：");
        scanf("%d",&k);
        j=SearchHash(HA, k, p);
        printf("\n");
        if (j==1)
            printf("哈希表中已经存在该关键字，不能插入\n");
        else
```

```
                {
                        InsertHash(HA,k,p);
                        printf("插入成功\n");
                }
        }
    }
}
```

【程序测试及结果分析】

1. 程序中包含的主要功能及运行初始界面如图 6.10 所示

```
**********************                  哈希表        **********
**********************
****  1  ------生成开放定址哈希查表              ****
****  2  ------开放定址哈希查表查找              ****
****  3  ------开放定址哈希查表中插入元素          ****
****  4  ------生成链地址法哈希表                ****
****  5  ------链地址法哈希表查找                ****
****  6  ------输出链地址法哈希表查找             ****
****  7  ------链地址法哈希表中插入元素           ****
****  0  ------结束运行                        ****
**************************************************
```

图 6.10　程序主要功能及运行初始界面

在本实验中，构造哈希函数采用的是除留余数法，即 hash(key)=key mod p，其中 p 在运行各功能选项之前输入。输入除留余数法中的除数后，需要先创建哈希表，如果是采用线性探测再散列法处理冲突，则选择功能选项 1 创建哈希表；如果是采用链地址法处理冲突，则选择功能选项 4 创建哈希表。

2. 运行功能选项 1，创建采用开放地址法处理冲突的哈希表。在创建哈希表时，首先要输入哈希表的当前容量和要放的关键字个数，然后依次输入要存放的关键字值。在采用开放地址法处理冲突的哈希表生成以后，运行功能选项 2 和功能选项 3，可以对该表进行静态查找和动态查找。其运行结果如图 6.11 所示。

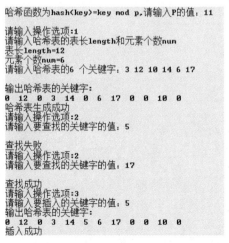

```
哈希函数为hash(key)=key mod p,请输入P的值: 11

请输入操作选项:1
请输入哈希表的表长length和元素个数num
表长length=12
元素个数num=6
请输入哈希表的6 个关键字: 3 12 10 14 6 17

输出哈希表的关键字:
0  12  0  3  14  0  6  17  0  0  10  0
哈希表生成成功
请输入操作选项:2
请输入要查找的关键字的值: 5

查找失败
请输入操作选项:2
请输入要查找的关键字的值: 17

查找成功
请输入操作选项:3
请输入要插入的关键字的值: 5
输出哈希表的关键字:
0  12  0  3  14  5  6  17  0  0  10  0
插入成功
```

图 6.11　采用开放地址法处理冲突的哈希表的构造及查找

3. 运行功能选项 4，创建一个采用链地址法处理冲突的哈希表，运行功能选项 6 输出所创建的哈希表结构示意图，运行结果如图 6.12 所示。

4. 运行功能选项 5 和功能选项 7，对采用链地址法处理冲突的哈希表进行查找和插入，运行结果如图 6.13 所示。

```
请输入操作选项:4
请输入哈希表的关键字个数：6

请输入哈希表的关键字：3 12 10 14 6 17

请输入操作选项:6
第 0 个链表:
第 1 个链表:12
第 2 个链表:
第 3 个链表:3   14
第 4 个链表:
第 5 个链表:
第 6 个链表:6   17
第 7 个链表:
第 8 个链表:
第 9 个链表:
第 10 个链表:10
```

图 6.12　构造和输出采用链地址法处理
冲突的哈希表

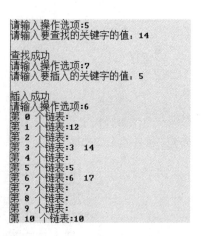

```
请输入操作选项:5
请输入要查找的关键字的值：14

查找成功
请输入操作选项:7
请输入要插入的关键字的值：5

插入成功
请输入操作选项:6
第 0 个链表:
第 1 个链表:12
第 2 个链表:
第 3 个链表:3   14
第 4 个链表:
第 5 个链表:5
第 6 个链表:6   17
第 7 个链表:
第 8 个链表:
第 9 个链表:
第 10 个链表:10
```

图 6.13　采用链地址法处理冲突的
哈希表的查找和插入

第 7 章

内部排序

通过本章学习与实践，熟练掌握各种排序的算法思想、方法和稳定性；通过各种排序算法的比较，能从时间复杂度、空间复杂度上进行分析它们的不同；对给出的数据序列，能写出各种排序方法的排序过程，并能编写程序实现它们。

7.1 基本概念

1. 排序：将一组杂乱无章的数据按一定的规律顺次排列起来。

2. 稳定性：在排序过程中，关键字相同的记录在排序后的先后关系并没有改变，则说明排序的方法是稳定的，反之，说明排序的方法不稳定。

3. 内部排序：若待排序记录都在内存中，称为内部排序。

4. 外部排序：若待排序记录一部分在内存，一部分在外存，则称为外部排序。

5. 排序算法效率评价

（1）排序速度：排序速度主要取决于关键字之间的比较和记录的移动次数。

（2）空间复杂度：占内存辅助空间的大小。理想的空间复杂度是 O(1)。

（3）稳定性。

7.2 实验一 插入排序算法

7.2.1 预备知识

插入排序是指在排序过程中，每一次将一个待排序的对象，按其关键码大小插入到前面已经排好序的一组对象的适当位置上，直到对象全部插入为止。

1. 直接插入排序算法

基本思想：是将一条记录插入到已经排好序的有序表中，每次得到一个新的、记录数量增 1 的有序表。

排序过程：首先将待排序记录序列中的第一个记录作为一个有序段，将记录序列中的第二个记录插入到上述有序段中，形成由两个记录组成的有序段，再将记录序列中的第三个记录插入到这个有序段中，形成由三个记录组成的有序段……依此类推，每一趟都是将一个记录插入到前面的有序段中。假设当前欲处理第 i 个记录，则应该将这个记录插入到由前 i-1 个记录组成的有序段中，从而形成一个由 i 个记录组成的按关键字值排列的有序序列，直到所有记录都插入到有序段中。一共需要经过 n-1 趟就可以将初始序列的 n 个记录重新排列成按关键字值大小排列的有序序列。

例如，关键字序列 T=（13，6，3，31，9，27，5，11）的直接插入排序过程：

初态：【13】, 6, 3, 31, 9, 27, 5, 11　　　　将 13 看做已经有序的记录

第 1 趟：【6, 13】, 3, 31, 9, 27, 5, 11　　　　将 6 插入有序序列【13】中

第 2 趟：【3, 6, 13】, 31, 9, 27, 5, 11　　　　将 3 插入有序序列【6, 13】中

第 3 趟：【3, 6, 13, 31】, 9, 27, 5, 11　　　　将 31 插入有序序列【3, 6, 13】中

第 4 趟：【3, 6, 9, 13, 31】, 27, 5, 11　　　　将 9 插入有序序列【3, 6,13,31】中

第 5 趟：【3, 6, 9, 13, 27, 31】, 5, 11　　　　将 27 插入有序序列【3, 6, 9, 13,31】中

第 6 趟：【3, 5, 6, 9, 13, 27, 31】, 11　　　　将 5 插入有序序列【3, 6, 9, 13,27, 31】中

第 7 趟：【3, 5, 6, 9, 11, 13, 27, 31】　　　　将 11 插入有序序列【3, 5, 6, 9, 13,27, 31】中

直接插入排序算法描述：

```
void Insertsort(SqList *L)
{
    int i,j;
    for(i=2 ; i <= L->length ; i++)      //从第 2 个记录开始往前插入
    {
        L->r[0] = L->r[i];       //先将要排序记录放入寄存单元 r[0]
        for(j=i-1; L->r[0].key < L->r[j].key ; j-- )  //与前面的记录依次比较
            L->r[j+1] = L->r[j];        //如果小于前面记录，则前面记录依次后移
        L->r[j+1] = L->r[0];       //找到位置，将待排序记录移回到正确位置
    }
}
```

直接插入排序算法的特点：

直接插入排序算法简单、容易实现，只需要一个记录大小的辅助空间用于存放待插入的记录（在 C 语言中，我们利用了数组中的 0 单元）和两个 int 型变量 i 和 j。当待排序记录较少时，排序速度较快。但是，当待排序的记录数量较大时，大量的比较和移动操作将使直接插入排序算法的效率降低。然而，当待排序的数据元素基本有序时，直接插入排序过程中的移动次数将大大减少，从而效率会有所提高。直接插入排序是一种稳定的排序算法。

2. 折半插入排序算法

基本思想：在直接插入排序算法中，将一条记录插入到有序表中时，采用折半查找法查找要插入的位置。

折半插入排序算法描述：

```
void BiInsertSort(SqList *L)
{
    int i,j, low,high,m;
    for(i=2;i<=L->length;i++)
    {
        L->r[0]=L->r[i];
        low=1;
        high=i-1;     //设定查找区间初值 low,high
        while(low<=high)        //在 r[low..high]中折半查找插入的位置
        {
            m=(low+high)/2;        //折半
            if(L->r[0].key<L->r[m].key)   high=m-1;   //插入点在左半区
            else
                low=m+1;        //插入点在右半区
        }
        for(j=i-1;j>=high+1;j--)
```

```
            L->r[j+1]=L->r[j];        //找到位置后，将记录后移腾出位置
        L->r[high+1]=L->r[0];             //将待排序记录插入到正确位置
    }
}
```

折半插入排序的特点：折半查找比顺序查找快，所以折半插入排序就平均性能来说比直接插入排序要快。虽然比较次数大大减少，可惜移动次数并未减少。折半插入排序是一个稳定的排序方法。

3．希尔排序算法

基本思想：它是直接插入算法的改进，其基本思想是先将整个待排记录序列分割成若干子序列，分别进行直接插入排序，待整个序列中的记录"基本有序"时，再对全体记录进行一次直接插入排序。

具体步骤：假设待排序的记录为 n 个，先取整数 d<n（如取 d= n/2，n/2 表示不大于 n/2 的最大整数），将所有距离为 d 的记录构成一组，从而将整个待排序记录序列分割成为 d 个子序列。对每个分组分别进行直接插入排序，然后再缩小间隔 d。例如，取 d= d/2 ，重复上述的分组。再对每个分组分别进行直接插入排序，直到最后取 d=1，将所有记录放在一组进行一次直接插入排序，最终将所有记录重新排列成按关键字有序的序列。

一趟希尔排序算法描述：

```
void     ShellInsert(SqList *L，int dk)
//对顺序表 L 进行一趟增量为 dk 的 Shell 排序，dk 为步长因子
{
    for(i=dk+1;i<=L->length; ++ i)   //开始将 r[i]插入有序增量子表
    if(L->r[i].key <= L->r[i-dk].key)
    {
        L->r[0]=L->r[i];               //暂存在 r[0]
        for(j=i-dk; j>0 &&(L->r[0].key<L->r[j].key); j=j-dk)
            L->r[j+dk]=L->r[j];           //关键字较大的记录在子表中后移
        L->r[j+dk]=L->r[0];             //在本趟结束时将 r[i]插入到正确位置
    }
}
```

希尔排序算法主程序：

```
void     ShellSort(SqList *L，int dlta[ ]，int t)
//按增量序列 dlta[0..t-1]对顺序表 L 作 Shell 排序
{
    for(int k=0；k<t；++k)
    ShellInsert(L，dlta[k]); //增量为 dlta[k]的一趟插入排序
}
```

希尔排序总结：在希尔排序中，由于开始将 n 个待排序的记录分成了 d 组，所以每组中的记录数目将会减少。在数据量较少时，利用直接插入排序的效率较高。随着反复分组排序，d 值逐渐变小，每个分组中的待排序记录数目将会增多，但此时记录的排列顺序更接近有序，所以利用直接插入排序不会降低排序的时间效率。

希尔排序适用于待排序的记录数目较大的情况。在此情况下，希尔排序方法一般要比直接插入排序方法快。同直接插入排序一样，希尔排序也只需要一个记录大小的辅助空间，用于暂存当前待插入的记录。希尔排序是一种不稳定的排序方法。

7.2.2 实验目的

掌握插入排序算法的思想，理解直接插入排序、折半插入排序和希尔排序的算法，并能够编程实现它们。

7.2.3 实验内容

给定一组整型数据,请用直接插入排序、折半插入排序和希尔排序方法实现记录的由小到大排序。

7.2.4 算法实现

【数据结构】

```
typedef struct
{
    KeyType key;
    char *otherinfo;        //其他数据项类型
}RDType;                //  记录类型
//顺序表的存储结构
typedef struct
{
    RDType r[MAXSIZE+1];                        //r[0]做哨兵
    int length;                                 //顺序表长度
}SqList;                                    //顺序表类型
```

【算法描述】

1. 直接插入排序

(1)输入记录到数组 r[n]中。

(2)在 i-1 个(i=2,3,…,n)记录的有序区 r[1] ~ r[i-1]中,使用顺序查找法查找 r[i]的位置,找到后,通过移动记录腾出位置插入记录 r[i]。

2. 折半插入排序算法

(1)输入记录到数组 r[n]中。

(2)在 i-1 个(i=2,3,…,n)记录的有序区 r[1] ~ r[i-1]中,使用折半查找法查找 r[i]的位置,找到后,通过移动记录腾出位置插入记录 r[i]。

3. 希尔排序算法

(1)输入增量序列存储在 dlta[k](k=0,1,…,t)中,增量为递减序列,且 dlta[t]=1。

(2)k=0。

(3)从第 1 个记录开始,以下标增量 dlta[k]将全部记录分成 dlta[k]组,同一组中的数据进行直接插入排序。

(4)k++,重复第 3 步,直到 k==t 为止,排序完毕。

【代码实现】

```
//算法 7-1 插入排序的三个算法:直接插入排序、折半插入排序、希尔排序
#include <stdio.h>
#define MAXSIZE 20          //顺序表的最大长度
typedef int KeyType;    //定义关键字类型为整型
typedef struct
{
    KeyType key;
    char *otherinfo;        //其他数据项类型
}RDType;                //  记录类型
//顺序表的存储结构
typedef struct
{
    RDType r[MAXSIZE+1];                //r[0]做哨兵
    int length;                                 //顺序表长度
```

```
}SqList;                                          //顺序表类型

RDType r1[MAXSIZE+1];              //调用另一个算法时用于恢复原始记录

//直接插入排序算法
void InsertSort(SqList &L)
{
//对顺序表 L 做直接插入排序
     int i,j;
     for(i=2;i<=L.length;++i)
     {
          L.r[0]=L.r[i];             //将待插入的记录暂存到监视哨中
          for(j=i-1; L.r[0].key < L.r[j].key ; j-- )     //将待插入记录的关键字与前面的 r[j]记录进行比较
               L.r[j+1] = L.r[j];     //如果小于前面记录，记录后移，直到找到插入的位置
          L.r[j+1]=L.r[0];              //从监视哨移回数据插入到正确位置
     }
}
//折半插入排序
void BInsertSort(SqList &L)
{//对顺序表 L 做折半插入排序
     int i,j,low,high,m;
     for(i=2;i<=L.length;++i)
     {
          L.r[0]=L.r[i];                    //将待插入的记录暂存到监视哨中
          low=1;
          high=i-1;                                   //置查找区间初值
          while(low<=high)                        //如果 low≤high
          {
               m=(low+high)/2;                         //寻找折半的位置 m
               if(L.r[0].key<L.r[m].key)
                    high=m-1;  //如果 r[0]的关键字小于 r[m]的关键字，则插入位置在左半区，重新设置 high 的值
               else
                    low=m+1;          //插入点在右半区，重新设置 low 的值
          }
          for(j=i-1;j>=high+1;--j)
               L.r[j+1]=L.r[j];   //找到位置后，记录后移
          L.r[high+1]=L.r[0];              //将待插入记录 r[0]插入到正确位置 r[high+1]
     }
}
//输入待排序的记录
void Create_SqList(SqList &L)
{
     int i,n;
     printf("请输入记录个数（不超过 20 个）:");
     scanf("%d",&n);                            //输入个数
     printf("请输入待排序的数据:\n");
     while(n>MAXSIZE)     //超过上限，提示重新输入
     {
          printf("个数超过上限，请重新输入");
          scanf("%d",&n);
     }
```

```
        for(i=1;i<=n;i++)
        {
                scanf("%d",&L.r[i].key);                //输入数据
                r1[i].key=L.r[i].key;                   //同时存入 r[1]
                L.length++;                             //表长加 1
        }
}


//对顺序表 L 做一趟增量是 dk 的希尔插入排序
void ShellInsert(SqList &L,int dk)
{
        int i,j;
        for(i=dk+1;i<=L.length;++i)
                if(L.r[i].key<L.r[i-dk].key)    //如果 L.r[i].key<L.r[i-dk].key
                {
                        L.r[0]=L.r[i];                          //L.r[i]暂存在 L.r[0]
                        for(j=i-dk;j>0&& L.r[0].key<L.r[j].key;j-=dk)
                                L.r[j+dk]=L.r[j];    //记录后移，直到找到插入位置
                        L.r[j+dk]=L.r[0];                       //将 r[0]插入到正确位置
                }
}


void ShellSort(SqList &L,int dlta[ ],int t)
 //按增量序列 dlta[0··t-1]对顺序表 L 作 Shell 排序
{
        for(int k=0; k<t; ++k)
                ShellInsert(L, dlta[k]);         // 增量为 dlta[k]的一趟插入排序
}


// 打印记录
void show(SqList L)
{
        int i;
        for(i=1;i<=L.length;i++)
                printf("%d ",L.r[i].key);
        printf("\n");
}
//恢复原始数据
void restore(SqList &L)
{
        int i;
        for(i=1;i<=L.length;i++)
                L.r[i].key=r1[i].key;    //将存储在 r1 数组中的关键字赋值到 r 中
}


void main()
{
        SqList L;
        int t,dlta[MAXSIZE];
        L.length=0;
        Create_SqList(L); //创建记录数据
```

```
InsertSort(L);        //直接插入排序
printf("直接插入排序后的结果为：");
show(L);
printf("------------------------\n");
restore(L);          //折半插入排序
printf("待排序记录为：");
show(L);
BInsertSort(L);
printf("折半插入排序后的结果为：");
show(L);
printf("------------------------\n");
restore(L);        //希尔排序
printf("待排序记录为：");
show(L);
printf("请输入增量个数:");
scanf("%d",&t);
printf("请输入%d 个增量:",t);
for(int i=0;i<t;i++)
        scanf("%d",&dlta[i]);
ShellSort(L,dlta,t);
printf("希尔排序后的结果为：");
show(L);
}
```

【程序测试及结果分析】

1. 程序测试如图 7.1 所示，运行时根据提示输入记录个数及待排序的数据，得到直接插入排序、折半插入排序、希尔排序的排序结果。

```
请输入记录个数（不超过20个）:6
请输入待排序的数据：
50 26 33 18 9 16
直接插入排序后的结果为：9 16 18 26 33 50
------------------------
待排序记录为：50 26 33 18 9 16
折半插入排序后的结果为：9 16 18 26 33 50
------------------------
待排序记录为：50 26 33 18 9 16
请输入增量个数:3
请输入3个增量:5 3 1
希尔排序后的结果为：9 16 18 26 33 50
Press any key to continue
```

图 7.1 插入排序运行结果

2. 结果分析：为避免排序时重复输入数据，每次调用一个排序算法前，都将数据按照初始序列进行了重置，可以看到，三个排序算法均能成功排序。

7.3 实验二 交换排序算法

7.3.1 预备知识

交换排序是指在排序过程中，通过待排序记录序列中元素间关键字的比较与存储位置的交换来达到排序目的一类排序方法。

交换排序的主要算法有：冒泡排序和快速排序。

1. 冒泡排序算法

基本思想：对所有相邻记录的关键字值进行比较，如果是逆序（a[j]>a[j+1]），则将其交换，最终由小到大进行排序。其处理过程为：

（1）整个待排序的记录序列划分成有序区和无序区，初始状态下，有序区为空，无序区包括所有待排序的记录。

（2）对无序区从前向后依次将相邻记录的关键字进行比较，若逆序将其交换，从而使得关键字值小的记录向上"飘浮"（左移），关键字值大的记录好像石块，向下"堕落"（右移）。

（3）每经过一趟冒泡排序，都使无序区中关键字值最大的记录进入有序区，对于由 n 个记录组成的记录序列，最多经过 n-1 趟冒泡排序，就可以将这 n 个记录重新按关键字顺序排列。

例：关键字序列 T=(21，25，49，25*，16，08)的冒泡排序过程。

初态：21，25，49，25*，16， 08

第 1 趟：21，25，25*，16， 08 ， 49

第 2 趟：21，25，16， 08 ，25*，49

第 3 趟：21，16， 08 ，25， 25*，49

第 4 趟：16，08 ，21， 25， 25*，49

第 5 趟：08，16， 21， 25， 25*，49

冒泡排序算法：

```
void bubbleSort(SqList *L)
{
    int i,j,flag=1;    //flag 用来标记某一趟排序是否发生交换
    RedType t;
    for(i=1;flag&&i<L->length;i++)        //外循环
        for(flag=0, j=1;j<=L->length-i; j++)
        {//flag 置为 0，如果下一条语句条件不满足，没有发生交换，则不会再执行外循环
            if(L->r[j].key>L->r[j+1].key)   //如果前一个记录关键字比后一个的大
            {
                flag=1;    //置 flag 为 1
                t=L->r[j];
                L->r[j]=L->r[j+1];
                L->r[j+1]=t;    //交换两个记录
            }
        }
}
```

冒泡排序特点：

冒泡排序比较简单，当初始序列基本有序时，冒泡排序有较高的效率，反之效率较低；其次，冒泡排序只需要一个记录的辅助空间，用来作为记录交换的中间暂存单元。冒泡排序是一种稳定的排序方法。

2. 快速排序算法

基本思想：从待排序列中任取一个元素（如取第一个）作为枢轴中心，所有比它小的元素一律前放，所有比它大的元素一律后放，形成左右两个子表；然后再对各子表重新选择枢轴中心元素并依此规则调整，直到每个子表的元素只剩一个。此时便为有序序列了。

快速排序的一趟划分方法：

设待划分的序列是 r[s]～r[t]，设参数 i，j 分别指向子序列左、右两端的下标 s 和 t，令 r[s]为轴值。

（1）j 从后向前扫描，直到 r[j]<r[i]，将 r[j]移动到 r[i]的位置，使关键码小（与轴值相比）的记录移动到前面去；

（2）i 从前向后扫描，直到 r[i] > r[j]，将 r[i] 移动到 r[j] 的位置，使关键码大（与轴值比较）的记录移动到后面去；

（3）重复上述过程，直到 i=j，一次划分结束，将 r[s] 移动到 i 的位置。此时，r[s] 左侧的值均小于 r[s]，r[s] 右侧的值均大于 r[s]。

例：待排序序列 256，301，751，129，937，863，742，694，076，438 的快速排序过程。256 为枢轴中心。

初态：　256，301，751，129，937，863，742，694，076，438

第 1 趟：（076，129），256，（751，937，863，742，694，301，438）

第 2 趟：076，129，256，（438，301，694，742，）751，（863，937）

第 3 趟：076，129，256，301，438，（694，742），751，863，937

第 4 趟：076，129，256，301，438，694，742，751，863，937

快速排序算法：快速排序是一个递归的过程，只要能够实现一趟快速排序的算法，就可以利用递归的方法对一趟快速排序后的左右分区域分别进行快速排序。

一趟快速排序算法：

```
int Partition(SqList *L,int low,int high)
{    //对顺序表 L 中的子表 r[low..high]进行一趟排序，返回枢轴位置
     r[0]=L->r[low]; pivotkey= L->r[low].key;  //用子表第一个记录做枢轴中心
     while(low < high)      //从表两端交替地向中间扫描
     {
          while(low<high && L->r[high].key>=pivotkey )
               --high;
          L->r[low]=L->r[high];  //将比枢轴记录小的记录移到低端
          while(low<high && L->r[low].key<=pivotkey)
               ++low;
          L->r[high]= L->r[low];    //将比枢轴记录大的记录移到高端
     }
     L->r[low]=r[0];    //找到枢轴中心位置
     return low;         //返回枢轴位置
}
```

整个快速排序的递归算法：

```
void QSort ( SqList   *L,   int low, int high )
{//主程序调用时初值：low=1;high=L.length,对顺序表 L 中的子序列 L.r[low..high]做快速排序
     if ( low < high)
     {
          pivot = Partition ( L, low, high );//一趟排序后，pivot 是枢轴位置
          QSort ( L, low, pivot-1);      //对左子表递归排序
          QSort ( L, pivot+1, high );    //对右子表递归排序
     }
}
```

快速排序的特点：快速排序实质上是对冒泡排序的一种改进，它的效率与冒泡排序相比有很大的提高。在冒泡排序过程中是对相邻两个记录进行关键字比较和互换的，这样每次交换记录后，只能改变一对逆序记录；而快速排序则从待排序记录的两端开始进行比较和交换，并逐渐向中间靠拢，每经过一次交换，有可能改变几对逆序记录，从而加快了排序速度。到目前为止，快速排序是平均速度最快的一种排序方法，但当原始记录排列基本有序或基本逆序时，每一趟的基准记录有可能只将其余记录分成一部分，这样就降低了时间效率，所以快速排序适用于原始记录排列杂乱无章的情况。

快速排序是一种不稳定的排序，在递归调用时需要占据一定的存储空间用来保存每一层递归调用时的必要信息。

7.3.2　实验目的

掌握交换排序算法的思想，理解冒泡排序、快速排序算法，并能够编程实现它们。

7.3.3　实验内容

给定一组整型数据，请用冒泡排序、快速排序算法实现记录的由小到大排序。

7.3.4　算法实现

【数据结构】

```
typedef struct
{
    KeyType key;
    char *otherinfo;         //其他数据项类型
}RDType;                     // 记录类型
//顺序表的存储结构
typedef struct
{
    RDType r[MAXSIZE+1];                         //r[0]做哨兵
    int length;                                 //顺序表长度
}SqList;                                         //顺序表类型
```

【算法描述】

1. 冒泡排序算法步骤

（1）输入记录到数组 r[n]中。

（2）初始化排序结束标志 flag=1。

（3）置 flag=0，如果第 1 个记录的关键字大于第 2 个记录的关键字，则置 flag=1，交换这两个记录。继续比较第 2 个记录和第 3 个记录的关键字，如果前者大于后者则交换，并置 flag=1，直到最后一个记录。一趟冒泡排序结束，确定了 r[n]的记录。

（4）第 2 趟，从 r[1]到 r[n-1]继续重复同样的操作，确定了 r[n-1]的记录；第 3 趟，确定 r[n-2]的记录；依次确定所有记录的位置，排序结束。

（5）如果在前面的一趟所有的比较中，前一个记录的关键字均小于后一个记录的关键字，则 flag 一直为 0，说明记录本来就是有序的，排序就提前结束。

2. 快速排序算法步骤

（1）设待划分的序列是 r[low]到 r[high]，令 r[low]为枢轴中心，将其值放在暂存单元 r[0]中。

（2）high 从后向前扫描，直到 r[high]<r[low]，将 r[high]赋值给 r[low]，这步操作是使关键码小（与枢轴值相比）的记录移动到前面去。

（3）low 从前向后扫描，直到 r[low] > r[high]，将 r[low]赋值给 r[high]，这步操作是使关键码大（与枢轴值比较）的记录移动到后面去；

（4）重复第 2 步和第 3 步过程，直到 low==high，此时将 r[0]暂存单元的枢轴中心移回来，赋值给 r[low]，一趟排序结束。此时以枢轴中心为界，左边的都小于枢轴中心的值，右边的都大于枢轴中心的值。

（5）以枢轴中心为界，左半区和右半区分别确定 low 和 high，分别进行快速排序，直到划分左右区间内的元素均为 1 个为止，排序结束。

【代码实现】

//算法 7-2 交换排序的两个算法：冒泡排序和快速排序

```c
#include <stdio.h>
#define    MAXSIZE   20      //顺序表的最大长度
typedef int    KeyType;    //定义关键字类型为整型
typedef struct
{
        KeyType key;
        char *otherinfo;      //其他数据项类型
}RDType;              // 记录类型
//顺序表的存储结构
typedef struct
{
        RDType r[MAXSIZE+1];                        //r[0]做哨兵
        int length;                                //顺序表长度
}SqList;                                          //顺序表类型

RDType r1[MAXSIZE+1];            //调用另一个算法时用于恢复原始记录


//冒泡排序算法
void bubbleSort(SqList &L)
{
        int i,j,flag=1;          //flag 用来标记某一趟排序是否发生交换
        RDType t;                //交换时使用的暂存变量 t
        for(i=1;flag&&i<L.length;i++)
                for(flag=0, j=1;j<=L.length-i; j++)
                        if(L.r[j].key>L.r[j+1].key)
                        {//相邻两个记录关键字进行比较，如果前面的大于后面的，就交换两个记录的位置
                                flag=1;
                                t=L.r[j]; L.r[j]=L.r[j+1]; L.r[j+1]=t;      //交换操作
                        }
}


//一趟快速排序算法
int Partition(SqList &L,int low,int high)
{
        KeyType pivotkey;
        L.r[0]=L.r[low];      //选择第 1 个记录做枢轴中心
        pivotkey= L.r[low].key;      //其关键字保存在 pivotkey
        while(low < high)
        {
                while(low<high && L.r[high].key>=pivotkey )
                        --high;      //从下标 high 指向的记录开始，如果 low<high，并且记录关键字大于等于枢轴中心关键字，high 减 1
                L.r[low]=L.r[high];                        //否则将记录赋值给下标为 low 的记录
                while(low<high && L.r[low].key<=pivotkey)
                        ++low;      //从下标 low 指向的记录开始，如果 low<high，并且记录关键字小于等于枢轴中心关键字，low 加 1
                L.r[high]= L.r[low];          //否则将记录赋值给下标为 high 的记录
        }
        L.r[low]=L.r[0]; //low=high 时，找到了枢轴中心的位置，将其赋值到此位置
        return low;      //返回 low 的值
}
```

211

```
//对顺序表 L 中的子序列 r[ low··high] 作快速排序
void QSort ( SqList  &L,   int low, int high )
{
      int pivot;
      if ( low < high )
      {
            pivot = Partition ( L, low, high );       //一趟快排，将子序列 r 一分为二
            QSort ( L, low, pivot-1); //在左子区间进行递归快排，直到长度为 1
            QSort ( L, pivot+1, high );   //在右子区间进行递归快排，直到长度为 1
      }
}


//输入待排序的记录
void Create_SqList(SqList &L)
{
      int i,n;
      printf("请输入记录个数（不超过 20 个）:");
      scanf("%d",&n);                                //输入个数
      printf("请输入待排序的数据:\n");
      while(n>MAXSIZE)    //超过上限，提示重新输入
      {
            printf("个数超过上限，请重新输入");
            scanf("%d",&n);
      }
      for(i=1;i<=n;i++)
      {
            scanf("%d",&L.r[i].key);            //输入数据
            r1[i].key=L.r[i].key;              //同时存入 r[1]
            L.length++;                        //表长加 1
      }
}


// 打印记录
void show(SqList L)
{
      int i;
      for(i=1;i<=L.length;i++)
            printf("%d ",L.r[i].key);
      printf("\n");
}
//恢复原始数据
void restore(SqList &L)
{
      int i;
      for(i=1;i<=L.length;i++)
            L.r[i].key=r1[i].key;    //将存储在 r1 数组中的关键字赋值到 r 中
}

void main()
{
```

```
    SqList L;
    L.length=0;
    Create_SqList(L); //创建记录数据
    bubbleSort(L);        //冒泡排序
    printf("冒泡排序后的结果为：");
    show(L);
    printf("--------------------------\n");
    restore(L);          //快速排序
    printf("待排序记录为：");
    show(L);
    QSort(L,1,L.length);
    printf("快速排序后的结果为：");
    show(L);
}
```

【程序测试及结果分析】

1. 程序测试如图 7.2，运行时根据提示输入记录个数及待排序的数据，得到冒泡排序、快速排序的排序结果。

```
请输入记录个数（不超过20个）:6
请输入待排序的数据:
20 5 6 15 48 33
冒泡排序后的结果为：5 6 15 20 33 48
--------------------------
待排序记录为：20 5 6 15 48 33
快速排序后的结果为：5 6 15 20 33 48
Press any key to continue
```

图 7.2　交换排序算法运行结果

2. 结果显示，两种算法均成功排序。

7.4　实验三 选择排序算法

7.4.1　预备知识

选择排序是指在排序过程中，依次从待排序的记录序列中选择出关键字值最小的记录、关键字值次小的记录……然后分别将它们定位到序列左侧的第 1 个位置、第 2 个位置……最后剩下一个关键字值最大的记录位于序列的最后一个位置，从而使待排序的记录序列成为按关键字值由小到大排列的有序序列。

1. 简单选择排序

基本思想：每趟排序在当前待排序序列中选出关键码最小的记录，添加到有序序列中。 例如：设所排序序列的记录个数为 n，从所有 n-i+1 个记录(i=1,2,⋯,n-1)中找出关键字最小的记录，与第 i 个记录交换。执行 n-1 趟后就完成了记录序列的排序。

具体实现过程：

（1）将整个记录序列划分为有序区域和无序区域，有序区域位于最左端，无序区域位于右端，初始状态有序区域为空，无序区域含有所有待排序的 n 个记录。

（2）设置一个整型变量 index，用于记录在一趟的比较过程中，当前关键字值最小的记录位置。开始将它设定为当前无序区域的第一个位置（即假设这个位置的关键字最小），然后用它与无序区域中其他记录进行比较，若发现有比它的关键字还小的记录，就将 index 改为这个新的最小记录位置，随后再用 a[index].key 与后面的记录进行比较，并根据比较结果，随时修改 index 的值。一趟结束后 index 中保留的就是本趟选择的关键字最小的记录位置。

（3）将 index 位置的记录交换到无序区域的第一个位置，使得有序区域扩展了一个记录，而无序区域减少了一个记录。

不断重复第 2 步和第 3 步，直到无序区域剩下一个记录为止。此时所有的记录已经按关键字从小到大的顺序排列就位。

简单选择排序算法：

```
void selecsort ( DataType a, int n)
{
    for( i=1; i<n; i++) //对 n 个记录进行 n-1 趟的简单选择排序
    {
        index=i; //初始化第 i 趟简单选择排序的最小记录指针
        for (j=i+1;j<=n;j++) //搜索关键字最小的记录位置 index
            if (a[j].key<a[i].key)
                index=j;
        if (index!=i)   //如果 index 和 i 不相等，则交换对应下标的两个记录
        {
            temp=a[i];
            a[i]=a[index];
            a[index]=temp;
        }
    }
}
```

缺陷：简单选择排序算法虽然简单，但是速度较慢，并且是一种不稳定的排序方法，但在排序过程中只需要一个用来交换记录的暂存单元。

2．堆排序算法

堆的定义：有 n 个元素(a_1，a_2，a_3，…，a_n)，将此元素序列按顺序组成一棵完全二叉树，若二叉树的所有根结点值小于或等于左右孩子的值（即 $a_i \leqslant a_{2i}$ 并且 $a_i \leqslant a_{2i+1}$），则称为小根堆；若二叉树的所有根结点值大于或等于左右孩子的值（即 $a_i \geqslant a_{2i}$ 并且 $a_i \geqslant a_{2i+1}$），则称为大根堆。

例如：如图 7.3（a）所示的二叉树为大根堆，根结点的值均大于左右孩子结点的值；如图 7.3（b）所示的二叉树为小根堆，根结点的值均小于左右孩子结点的值。可以看出，大根堆的堆顶元素是序列中最大的元素，小根堆中的堆顶元素是序列中最小的元素。若给定一组关键字，初始态存储时是一个完全二叉树，利用堆及其运算，可以很容易地实现选择排序的思路。

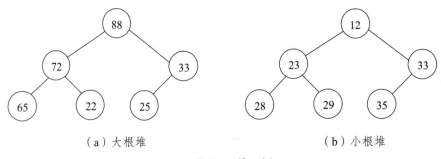

（a）大根堆　　　　　　　　　　（b）小根堆

图 7.3　堆示例

堆排序的基本思想：

（1）以初始关键字序列，建立堆；

（2）输出堆顶最大或者最小元素；

（3）调整余下的元素，使其成为一个新堆；

214

（4）重复第 2 步和第 3 步，得到一个有序序列。

因此，堆排序有两个步骤：① 将无序序列建成堆；② 调整堆：每次去掉堆顶元素后，将剩余元素调整为一个新的堆。

筛选法调整堆：

如图 7.4 所示对一个序列从小到大排序，初始需建立大根堆，大根堆建立后，进行如下操作：

（1）将堆的最后一个元素代替堆顶元素；此时左右子树均为堆，则仅需自上至下进行调整即可。

（2）以当前堆顶元素和其左、右子树的根结点进行比较（此时左、右子树均为堆），并与值较大的结点进行交换；

（3）重复第 2 步，继续调整被交换过的子树，直到叶结点为止。

称这个调整过程为"筛选"。

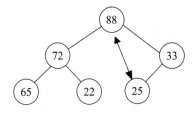

（a）最后一个元素 25 代替堆顶元素

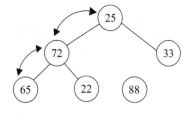

（b）输出 88，25 与 72 交换，再与 65 交换

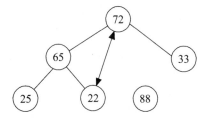

（c）最后一个元素 22 代替堆顶元素 72

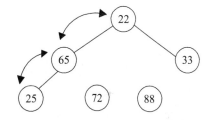

（d）输出 72，22 与 65 交换，再与 25 交换

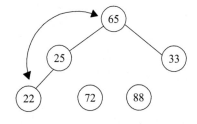

（e）最后一个元素 22 代替堆顶元素 65

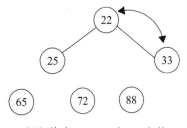

（f）输出 65，22 与 33 交换

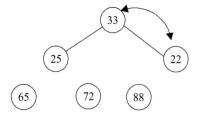

（g）最后一个元素 22 代替堆顶元素 33

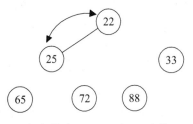

（h）输出 33，22 与 25 交换

（i）最后一个元素 22 代替堆顶元素 25　　　　　（j）输出 25 后，最后一步输出 22

图 7.4　筛选调整堆的过程

无序序列建初始堆：

从完全二叉树的最后一个非终端结点[n/2]开始，反复调用筛选过程，直到第一个结点，则得到一个堆。

还是由上面的例子来看建立初始堆的过程，如果初始序列为 25,22,33,65,72,88，则建立堆的过程如图 7.5 所示。

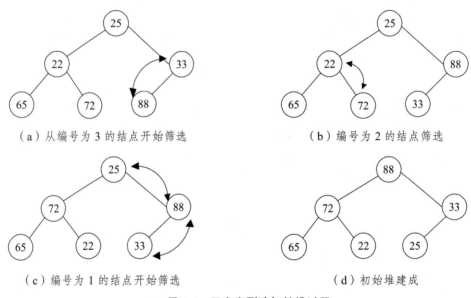

（a）从编号为 3 的结点开始筛选　　　　　　　（b）编号为 2 的结点筛选

（c）编号为 1 的结点开始筛选　　　　　　　　（d）初始堆建成

图 7.5　无序序列建初始堆过程

堆排序具体过程：

先将一个无序的序列 r[1],…,r[n]调整为大根堆（或小根堆），利用大根堆（或小根堆）堆顶记录的关键字最大（或最小）这一特征，将根结点与 r[n]交换，再调整 r[1],…,r[n-1]重新构成大根堆（或小根堆），将根结点与 r[n-1]交换,再重复这个步骤，直到所有结点位置确定，排序结束。

7.4.2　实验目的
掌握选择排序算法的思想，理解简单选择排序、堆排序的算法，并能够编程实现它们。

7.4.3　实验内容
给定一组整型数据，请用简单选择排序、堆排序算法实现记录的由小到大排序。

7.4.4　算法实现
【数据结构】

typedef struct

```
{
    KeyType key;
    char *otherinfo;        //其他数据项类型
}RDType;                    //  记录类型
//顺序表的存储结构
typedef struct
{
    RDType r[MAXSIZE+1];                        //r[0]做哨兵
    int length;                                //顺序表长度
}SqList;                                        //顺序表类型
```

【算法描述】

1. 简单选择排序算法

（1）输入记录到数组 r[n]中。

（2）第一趟，从 r[1]到 r[n]中找到关键字最小的记录 r[k]，与 r[1]交换。此时确定了 r[1]中的元素。

（3）第二趟，从 r[2]到 r[n]中找到关键字最小的记录 r[k]，与 r[2]交换。此时确定了 r[2]中的元素。

（4）依次类推，第 i 趟，从 r[i]到 r[n]中找到关键字最小的记录 r[k]，与 r[i]交换。确定了 r[i]中的元素。

（5）经过 n-1 趟，排序结束。

2. 堆排序算法

（1）初始用筛选法建堆过程

① 对于 n 个记录，从 r[s]（初始 s=n/2）开始筛选，比较其左右孩子 r[2s]和 r[2s+1]的关键字的大小，记住较大孩子的下标 j。

② 若 r[s]的关键字大于 r[j]，则说明不需调整。

③ 若 r[s]的关键字小于 r[j]，交换 r[s]和 r[j]，令 s=j，返回第 1 步执行，直到进行到叶子结点为止。

④ 如果 s<>1，令 s=s-1，返回第 1 步开始执行，否则程序结束。

（2）堆排序过程

① 利用筛选法将无序序列 r[1],…,r[n]建成大根堆，初始化 i=n。

② 将 r[1]与 r[i]交换，此时确定了 r[i]中为待排序记录中关键字最大的值。再将 r[1],…,r[i-1]利用筛选法重新调整为大根堆。

③ − −i，返回第 2 步往下执行，直到 i==1 结束，排序完成。

【代码实现】

```
//算法 7-3 选择排序的两个算法：简单选择排序和堆排序
#include <stdio.h>
#define MAXSIZE 20        //顺序表的最大长度
typedef int KeyType;    //定义关键字类型为整型
typedef struct
{
    KeyType key;
    char *otherinfo;        //其他数据项类型
}RDType;                    //  记录类型
//顺序表的存储结构
typedef struct
```

```
    {
        RDType r[MAXSIZE+1];                              //r[0]做哨兵
        int length;                                       //顺序表长度
    }SqList;                                              //顺序表类型

    RDType r1[MAXSIZE+1];           //调用另一个算法时用于恢复原始记录

    //简单选择排序算法
    void SelectSort(SqList &L)
    {
        int i,j,k;
        RDType t;
        for (i=1; i<L.length; ++i)
        {
            k=i;
            for( j=i+1;j<=L.length ; j++)
                if ( L.r[j].key <L.r[k].key)
                        k=j; //在 L.r[i..L.length] 中选择 key 最小的记录,用 k 指向它
            if(k!=i)
            {
                t=L.r[i];
                L.r[i]=L.r[k];
                L.r[k]=t;
            }  //交换 r[i]与 r[k]
        }
    }


    //筛选法调整堆
    void HeapAdjust(SqList &L,int s,int m)
    { //将 r[s..m]调整为以 r[s]为根的大根堆
        RDType rc;
        int j;
        rc=L.r[s];           //将 r[s]暂存到 rc 中
        for(j=2*s;j<=m;j*=2)
        {   //沿 s 的 key 较大的孩子结点向下筛选
            if(j<m&&L.r[j].key<L.r[j+1].key)
                ++j;       //编号为 s 的结点的左右孩子中，找到关键字较大的结点编号 j
            if(rc.key>=L.r[j].key)
                break;     //如果 s 编号的结点大于左右孩子结点的关键字，不用调整跳出循环
            L.r[s]=L.r[j]; s=j;       //否则，将较大的孩子结点赋值给 s 结点，s=j，继续往下筛选
        }
        L.r[s]=rc;                              //rc 插入在位置 s 上
    }
    //把无序序列 L.r[1..n]建成大根堆
    void CreatHeap(SqList &L)
    {
        int i,n;
        n=L.length;                     //n 等于记录个数
        for(i=n/2;i>0;--i)        //从最后一个非叶子节点开始反复调用函数 HeapAdjust
            HeapAdjust(L,i,n);
    }
```

```
void HeapSort(SqList &L)
{ //对顺序表 L 进行堆排序
    int i;
    RDType x;
    CreatHeap(L);                          //把无序序列 L.r[1..L.length]建成大根堆
    for(i=L.length;i>1;--i)
    {
        x=L.r[1];     //将堆顶记录和当前未经排序子序列 L.r[1..i]中最后一个记录互换
        L.r[1]=L.r[i];
        L.r[i]=x;
        HeapAdjust(L,1,i-1);              //将 L.r[1..i-1]重新调整为大根堆
    }
}


//输入待排序的记录
void Create_SqList(SqList &L)
{
    int i,n;
    printf("请输入记录个数（不超过 20 个）:");
    scanf("%d",&n);                                //输入个数
    printf("请输入待排序的数据:\n");
    while(n>MAXSIZE)     //超过上限，提示重新输入
    {
        printf("个数超过上限，请重新输入");
        scanf("%d",&n);
    }
    for(i=1;i<=n;i++)
    {
        scanf("%d",&L.r[i].key);                //输入数据
        r1[i].key=L.r[i].key;                    //同时存入 r[1]
        L.length++;                              //表长加 1
    }
}


// 打印记录
void show(SqList L)
{
    int i;
    for(i=1;i<=L.length;i++)
        printf("%d ",L.r[i].key);
    printf("\n");
}
//恢复原始数据
void restore(SqList &L)
{
    int i;
    for(i=1;i<=L.length;i++)
        L.r[i].key=r1[i].key;   //将存储在 r1 数组中的关键字赋值到 r 中
}
```

```
void main()
{
    SqList L;
    L.length=0;
    Create_SqList(L); //创建记录数据
    SelectSort(L);     //简单选择排序
    printf("简单选择排序后的结果为：");
    show(L);
    printf("--------------------------\n");
    restore(L);
    printf("待排序记录为：");
    show(L);
    HeapSort(L);     //堆排序
    printf("堆排序后的结果为：");
    show(L);
}
```

【程序测试及结果分析】

1. 程序测试如图 7.6 所示，运行时根据提示输入记录个数及待排序的数据，得到简单选择排序、堆排序的排序结果。

```
请输入记录个数（不超过20个）:6
请输入待排序的数据:
12 8 25 15 30 28
简单选择排序后的结果为：8 12 15 25 28 30
--------------------------
待排序记录为：12 8 25 15 30 28
堆排序后的结果为：8 12 15 25 28 30
Press any key to continue
```

图 7.6　选择排序运算结果

2. 结果显示，两种算法均排序成功。

7.5　实验四 归并排序算法

7.5.1　预备知识

1. 归并排序的基本思想

归并的含义是将两个或两个以上的有序表组合成一个新的有序表。

归并排序基本思想：将 n 个记录看做 n 个有序的子序列，每个子序列长度为 1。两两合并，得到 n/2 个长度为 2 或 1 的有序子序列，再两两合并，如此重复，直至得到一个长度为 n 的有序序列为止。

2. 归并排序算法

通常我们将两个有序段合并成一个有序段的过程称为 2-路归并。

2-路归并算法：

假设记录序列被存储在一维数组 a 中，且 a[s··m]和 a[m+1··t]已经分别有序，现将它们合并为一个有序段，并存入数组 a1 中的 a1[s··t]中。

合并过程：

（1）设置三个整型变量 k、i、j，用来分别指向 a1[s··t]中当前应该放置新记录的位置、a[s··m]和 a[m+1··t]中当前正在处理的记录位置。初始值 i=s，j=m+1，k=s;

（2）比较 a 数组两个有序段中当前记录的关键字，将关键字较小的记录放置在 a1[k]，并修改该记录所属有序段的指针及 a1 中的指针 k。重复执行此过程直到其中的一个有序段内容全部移至 a1

中为止，此时需要将另一个有序段中的所有剩余记录移至 a1 中。

2-路归并的完整算法：

```
void merge (DataType a,DataType a1,int s,int m,int t)
{    //a[s··m]和 a[m+1··t]已经分别有序，将它们归并至 a1[s··t]中
    k=s;
    i=s;
    j=m+1;
    while(i<=m && j<=t)
    {
        if (a[i].key<=a[j].key)
            a1[k++]=a[i++];
        else
            a1[k++]=a[j++];
    }
    if (i<=m) //将剩余记录复制到数组 a1 中
        while ( i<=m)
            a1[k++]=a[i++];
    if (j<=t)
        while (j<=t)
            a1[k++]=a[j++];
}
```

3. 归并排序的递归算法

归并排序方法可用递归的形式描述，即首先将待排序的记录序列分为左右两个部分，并分别将这两个部分用归并方法进行排序，然后调用 2-路归并算法，再将这两个有序段合并成一个含有全部记录的有序段。

递归算法：

```
void mergesort (DataType a,DataType a1,int s,int t)
{
    if (s==t)
        a1[s]=a[s];
    else
    {
        m= (s+t)/2;
        mergesort ( a, a2, s, m);
        mergesort (a, a2, m+1, t);
        merge (a2, a1, s, m, t);
    }
}
```

2-路归并排序的递归算法从程序的书写形式上看比较简单，但是在算法执行时，需要占用较多的辅助存储空间，即除了在递归调用时需要保存一些必要的信息，在归并过程中还需要与存放原始记录序列同样数量的存储空间，以便存放归并结果。但是，与快速排序及堆排序相比，2-路归并排序的递归算法是一种稳定的排序方法。

7.5.2 实验目的

掌握归并排序算法的思想，并能够编程实现。

7.5.3 实验内容

输入一组整型数据，请用归并排序算法实现记录的由小到大排序。

7.5.4　算法实现

【数据结构】

```
typedef struct
{
        KeyType key;          //关键字
        char *otherinfo;      //其他数据项类型
}RDType;                  // 记录类型
//顺序表的存储结构
typedef struct
{
        RDType r[MAXSIZE+1];                      //r[0]做哨兵
        int length;                               //顺序表长度
}SqList;                                        //顺序表类型
```

【算法描述】

1. 输入 n 个记录到数组 r[n+1]中，low=1，high=n。

2. mid=(low+high)/2，利用 mid 将 r[n+1]分为左右两个部分，分别是 r[low..mid]和 r[mid+1..high]。

3. 将上面所分得的两部分继续按照第 2 步方法继续进行划分，直到划分的区间长度为 1。

4. 将划分结束后的序列进行归并排序，排序方法为对所分的 n 个子序列进行两两合并，得到 n/2 或 n/2+1 个含有两个元素的子序列，再对得到的子序列进行合并，直至得到一个长度为 n 的有序序列为止。

【代码实现】

```
//算法 7-4 归并排序
#include <stdio.h>
#define MAXSIZE 20          //顺序表的最大长度
typedef int KeyType;     //定义关键字类型为整型
typedef struct
{
        KeyType key;          //关键字
        char *otherinfo;      //其他数据项类型
}RDType;                  // 记录类型
//顺序表的存储结构
typedef struct
{
        RDType r[MAXSIZE+1];                      //r[0]做哨兵
        int length;                               //顺序表长度
}SqList;                                        //顺序表类型

//相邻两个有序子序列的归并
void Merge(RDType R[],RDType T[],int low,int mid,int high)
{ //将有序表 R[low..mid]和 R[mid+1..high]归并为有序表 T[low..high]
        int i,j,k;
        i=low;
        j=mid+1;
        k=low;     //i,j 分别指向由 R 分成的两个序列的第一个元素的下标，k 指向 T 的第一个元素下标
        while(i<=mid&&j<=high)     //如果 i,j 分别小于序列中最后一个元素下标
        { //将 R 中记录由小到大地并入 T 中
                if(R[i].key<=R[j].key)
                        T[k++]=R[i++];     //比较 i,j 指向元素的大小，将小的元素放入 T 中，并分别对应下标变量均加 1
```

222

```
            else
                T[k++]=R[j++];
        }
        while(i<=mid)                          //将剩余的 R[i..mid]复制到 T 中
            T[k++]=R[i++];
        while(j<=high)                          //将剩余的 R[j..high]复制到 T 中
            T[k++]=R[j++];
}


void MSort(RDType R[],RDType T[],int low,int high)
{//R[low..high]归并排序后放入 T[low..high]中
    int mid;
    RDType S[MAXSIZE+1];        //定义数组 S
    if(low==high)
        T[low]=R[low];
    else
    {
        mid=(low+high)/2;            //将当前序列一分为二，求出分裂点 mid
        MSort(R,S,low,mid);          //对子序列 R[low..mid] 递归归并排序，结果放入 S[low..mid]
        MSort(R,S,mid+1,high);//对子序列 R[mid+1..high] 递归归并排序，结果放入 S[mid+1..high]
        Merge(S,T,low,mid,high);        //将 S[low..mid]和 S [mid+1..high]归并到 T[low..high]
    }
}


void MergeSort(SqList &L)
{ //对顺序表 L 做归并排序
    MSort(L.r,L.r,1,L.length);
}


//输入待排序的记录
void Create_SqList(SqList &L)
{
    int i,n;
    printf("请输入记录个数（不超过 20 个）:");
    scanf("%d",&n);                          //输入个数
    printf("请输入待排序的数据:\n");
    while(n>MAXSIZE)    //超过上限，提示重新输入
    {
        printf("个数超过上限，请重新输入");
        scanf("%d",&n);
    }
    for(i=1;i<=n;i++)
    {
        scanf("%d",&L.r[i].key);            //输入数据
        L.length++;                          //表长加 1
    }
}


// 打印记录
void show(SqList L)
{
```

223

```
        int i;
        for(i=1;i<=L.length;i++)
                printf("%d ",L.r[i].key);
        printf("\n");
}

void main()
{
        SqList L;
        L.length=0;
        Create_SqList(L); //创建记录数据
        MergeSort(L);      //归并排序
        printf("归并排序后的结果为：");
        show(L);
}
```

【程序测试及结果分析】

1. 程序测试如图 7.7 所示，运行时根据提示输入记录个数及待排序的数据，得到归并排序结果。

```
请输入记录个数（不超过20个）:6
请输入待排序的数据：
25 88 13 24 36 44
归并排序后的结果为: 13 24 25 36 44 88
Press any key to continue
```

图 7.7　归并排序运行结果

2. 结果分析：归并排序方法与我们第 2 章讲过的顺序表的合并算法类似，只是在合并之前，先调用了递归算法，将待排序序列划分为 n 个记录为 1 的子序列，再两两进行合并，程序结果正确。

实验五　链式基数排序算法　　　延伸章节 1-串　　　延伸章节 2-数组和广义表

参考文献

[1] 严蔚敏，李冬梅，吴伟民. 数据结构：C 语言版[M]. 2 版. 北京：人民邮电出版社，2016.

[2] 李冬梅，张琪. 数据结构习题解析与实验指导[M]. 北京：人民邮电出版社，2017.

[3] 谭浩强. C 程序设计[M]. 5 版. 北京：清华大学出版社，2017.

[4] 李静，雷小园，易战军，等. 数据结构实验指导教程：C 语言版[M]. 北京：清华大学出版社，2016.

[5] 王玲. 数据结构实验教程：C 语言版[M]. 成都：四川大学出版社，2002.